Technik im Fokus

Die Buchreihe Technik im Fokus bringt kompakte, gut verständliche Einführungen in ein aktuelles Technik-Thema.
Jedes Buch konzentriert sich auf die wesentlichen Grundlagen, die Anwendungen der Technologien anhand ausgewählter Beispiele und die absehbaren Trends.
Es bietet klare Übersichten, Daten und Fakten sowie gezielte Literaturhinweise für die weitergehende Lektüre.

Weitere Bände in der Reihe https://link.springer.com/bookseries/8887

Frank-Michael Dittes

Komplexität

Warum die Bahn nie pünktlich ist

2. Auflage

Frank-Michael Dittes
Fachbereich
Ingenieurwissenschaften
Hochschule Nordhausen
Nordhausen, Deutschland

ISSN 2194-0770 ISSN 2194-0789 (electronic)
Technik im Fokus
ISBN 978-3-662-63492-9 ISBN 978-3-662-63493-6 (eBook)
https://doi.org/10.1007/978-3-662-63493-6

Die Deutsche Nationalbibliothek verzeichnet diese Publikation in der Deutschen Nationalbibliografie; detaillierte bibliografische Daten sind im Internet über http://dnb.d-nb.de abrufbar.

Planung/Lektorat: Michael Kottusch
Springer ist ein Imprint der eingetragenen Gesellschaft Springer-Verlag GmbH, DE und ist ein Teil von Springer Nature.
Die Anschrift der Gesellschaft ist: Heidelberger Platz 3, 14197 Berlin, Germany

Vorwort zur 2., überarbeiteten und aktualisierten Auflage

Fast 10 Jahre sind seit der ersten Auflage dieses Buches im Jahr 2012 vergangen. Ich hatte darin anhand zahlreicher Beispiele zentrale Erkenntnisse der Komplexitätsforschung vorgestellt:

- die Tendenz großer Systeme, sich immer weiter zu entwickeln und ihre Komplexität zu erhöhen,
- die damit verbundene Existenz von kritischen Punkten, an denen das Systemverhalten vom regulären, beherrschbaren ins chaotische umkippt,
- den Nutzen, sich in der Nähe des durch die Kipppunkte gebildeten Chaosrands – des „edge of chaos“ – aufzuhalten, aber auch die damit untrennbar verbundenen Krisen und Zusammenbrüche,
- die typischen Mittel, Komplexität zu reduzieren und Systeme zu stabilisieren.

Komplexe Systeme waren zu diesem Zeitpunkt schon mehrere Jahrzehnte Gegenstand intensiver Forschungen. Um das Jahr 2010 herum bekam das Thema „Komplexität“ aber eine neue Brisanz:

- Die Finanzkrise 2008 hatte den weit verbreiteten Glauben an das stabile Funktionieren der „freien“ Marktwirtschaft erschüttert und deren Kehrseite offenbart. Nur durch massive staatliche Eingriffe und ungeheure Geldspritzen konnten der

Zusammenbruch des Bankensystems und eine größere Wirtschaftskrise verhindert werden.
- Der Reaktorunfall von Fukushima im Frühjahr 2011 führte zur Abkehr Deutschlands von der Kernenergie. Dadurch wurde der Übergang des deutschen Energiesystems von der Versorgung durch wenige große Kraftwerke zu einer komplizierten Netzstruktur mit verschiedensten Erzeugern und Verbrauchern entscheidend beschleunigt.
- Und schon vor 10 Jahren waren die dramatischen Folgen des Klimawandels hinlänglich bekannt und erforderten konsequentere Maßnahmen, um das Umkippen ökologischer Systeme mit unabsehbaren Folgen für die Menschen zu verhindern.

Hat die Welt, haben wir in der Zwischenzeit begriffen, dass es vernünftig ist, Komplexität nicht uferlos anwachsen zu lassen und lieber etwas Abstand zum Chaosrand zu halten? Besser noch, Maßnahmen zu ergreifen, die diesen Abstand sichern? Oder hat sich die Komplexität in den vergangenen 10 Jahren weiter erhöht? Wird die „Krise [also] zum Regelfall", wie die Neue Zürcher Zeitung schon am 06.08.2011 formulierte?

Natürlich gibt es auf diese Fragen nicht nur eine Antwort – das wäre auch verwunderlich, die Probleme sind komplex, und dementsprechend müssen auch die Antworten komplex ausfallen. Zweifellos ist die Komplexität in manchen Bereichen größer geworden. Ob das immer zum Guten war, sei dahingestellt. Nehmen wir als Kriterium zunächst die *Vernetzung* der Komponenten eines Systems (s. Kap. 7). Im internationalen Maßstab ist sie trotz nationalistischer Alleingänge einiger Wirtschaftsnationen gestiegen: An die Stelle der Kooperationsabkommen, die die USA unter Präsident Trump aufgekündigt bzw. verhindert haben (Stichwort TTIP) sind andere Allianzen getreten; insbesondere China hat das entstandene „Loch" im internationalen Netz bereitwillig gestopft. Und der sogenannte Brexit führt dazu, dass Großbritannien seine Verflechtungen mit anderen Ländern intensiviert und trotzdem weiterhin Handel mit der EU treibt.

Auch *Krisen* sind ein typisches Anzeichen von Komplexität, signalisieren sie doch, dass das geordnete Funktionieren des Systems an seine Grenzen gestoßen ist und ein „weiter so“ ins Chaos führen würde (s. Kap. 6). Anzahl und Ausmaß von Krisen können also als Maß für die Komplexität eines Systems dienen. Selbst wenn man berücksichtigt, dass das Wort „Krise“ unter einer inflationären Verwendung leidet (wobei ich die verbreitete „midlife crisis“ noch nicht einmal mit einbezogen habe), sind in den vergangenen Jahren global gesehen einige dazugekommen, u. a.:

- die „Flüchtlingskrise“ von 2015, die ja eigentlich Ausdruck der Ungleichheit in der Welt und der damit verbundenen Verteilungskrise ist,
- fast schon revolutionäre Entwicklungen auf dem Gebiet der künstlichen Intelligenz: Von Google und anderen erzielte Durchbrüche ließen die Befürchtungen einer bevorstehenden „technologischen Singularität“ aufleben, jenseits derer die menschliche Gesellschaft in ihrer jetzigen Form keine Rolle mehr spielt,
- die Verschärfung der Umweltproblematik. Zwei Beispiele dafür folgen auf der nächsten Seite.

Hinzu kommt die Corona-Krise, die – während ich diese Zeilen im Mai 2021 schreibe – immer noch andauert: Von Infektions*ketten* ist plötzlich die Rede, von Superspreadern, die wie die Spinne im Infektions*netz* hängen, von der Gefahr des exponentiellen Anstiegs der Infektionszahlen, wenn die Reproduktionszahl R einen *kritischen Wert* übersteigt – alles Begriffe, die uns im Buch begegnen werden.

Dabei hat die Corona-Pandemie die Komplexität der Gesellschaft auf den ersten Blick sogar *verringert*: Länder, ja sogar Bundesländer, haben sich voneinander abgeschottet, Kontakte – das heißt Beziehungen als zentrale Voraussetzung für die Entwicklung von Komplexität, s. Kap. 2 – wurden eingeschränkt. Und auch das Schließen von Schulen und Freizeiteinrichtungen, ganz zu schweigen von der nächtlichen Ausgangssperre, hat zweifellos zu einer Reduktion der Komplexität beigetragen. Es scheint also ganz so, als sähen wir hier die Tendenz in Richtung höherer Komplexität außer Kraft gesetzt. Aber halt! Während das Alltagsleben hoffentlich bald wieder normal verlaufen wird, werden die in der Krise erfolgte Stärkung der Top-Konzerne, die Belastung der ärmsten Länder und generell die weitere Öffnung der Schere zwischen Arm und Reich noch lange Zeit fortwirken.[1]

Dazu kommt eine der gefährlichsten Folgen für die Stabilität von Systemen (ich gehe darauf in Kap. 4 ausführlich ein): Wir sehen nämlich – wie auch schon in der Finanzkrise von 2008 – einen weiteren massiven Export von Problemen in die Zukunft. Ist es nicht verführerisch, die drängendsten Probleme auf so einfache Weise zu „lösen" und das System dadurch zu beruhigen? Schnell findet die Politik auch die vielfältigsten Begründungen für einen solchen Export: „*Jetzt* können wir doch den Wählern und Wählerinnen nichts Schmerzhaftes zumuten", „diese Schritte sind einfach alternativlos" und vielleicht auch (unausgesprochen): „nach uns die Sintflut"… Zu den „Exportmaßnahmen" gehört in erster Linie eine von den Regierungen und Zentralbanken weltweit ausgelöste Geldschwemme, neben der sich die zur Bewältigung der Finanzkrise 2008 „erfundenen", d. h. aus dem Nichts erschaffenen Finanzmittel fast schon wie Spielgeld ausnehmen. So hat alleine Deutschland Schulden in Höhe von 650 Mrd. EUR zur Bewältigung der Krise aufgenommen, die USA werfen gerade 2 Billionen Dollar auf den Markt, und da sind die 900 Mrd. vom vorigen Jahr noch gar nicht mitgerechnet.

Heute muss man ja nicht einmal mehr das hinzukommende Geld drucken, es reicht am Computer eine Null anzuhängen, und davon haben wir nun wahrlich genug! Das so erschaffene Geld sucht sich natürlich seinen Weg und führt tendenziell zu höheren Preisen. Geschah dies bisher vor allem an den Immobilien- und Aktienmärkten, gibt es jetzt auch erste Anzeichen einer für alle spürbaren Preissteigerung – der Index der Verbraucherpreise in

[1] s. z. B. „Der Tagesspiegel" vom 20.10.2020, https://www.tagesspiegel.de/wirtschaft/die-folgen-der-corona-pandemie-wie-die-wirtschaftskrise-die-welt-spaltet/26284566.html.

Deutschland könnte 2021 um bis zu 4 % steigen.[2] Achten Sie also schon jetzt auf die im Anhang beschriebenen Frühwarnzeichen einer Inflation!

Aber nicht nur die horrenden Schulden geben Anlass zur Sorge. Auch der u. a. durch das Fehlen von Präsenzunterricht zu befürchtende Rückstand in Bildung und Entwicklung unserer Kinder könnte die Gesellschaft noch Billionen kosten. Und wie die Wirtschaft die Krise übersteht, ist trotz aller Finanzhilfen noch nicht abzusehen. Selbst wenn keine Wirtschafts*krise* ins Haus stehen sollte, wird es wohl kein Zurück zum bisherigen Zustand mehr geben. Es wäre fatal, die Probleme der Gegenwart wieder durch deren Verlagerung in die Zukunft lösen zu wollen und damit – analog zu den im Zuge der Bewältigung der 2008-er Finanzkrise gegründeten „bad banks“ – eine „bad future“ zu schaffen.

An verschiedenen Beispielen habe ich in der ersten Auflage illustriert, wie reguläres, beherrschbares Verhalten eines Systems in chaotisches umschlagen kann. Zwischen diesen beiden Verhaltensweisen liegen dabei *kritische Punkte*, d. h. Systemparameter, die nicht überschritten werden dürfen, will man dem Chaos entgehen. Wo genau die kritischen Punkte in realen Systemen liegen bzw. wann das System sie erreicht, ist schwer vorherzusagen. Es gibt allerdings *Anzeichen* der Annäherung des Systems an einen solchen Umschlagpunkt. Dazu gehört die Zunahme von Fluktuationen und das sogenannte *critical slowing down*, d. h. die verlangsamte „Erholung“ des Systems nach Abweichungen vom bisherigen Zustand. Mehrere solcher Punkte sind in den vergangenen Jahren immer stärker ins Bewusstsein gerückt:

Der erste ist mit der globalen Erwärmung und dem Zusammenhang zwischen Temperaturanstieg und der menschgemachten Zunahme des CO_2-Gehalts der Atmosphäre verbunden. Mittlerweile wird diese Korrelation zwar nur noch von

[2] Tagesschau vom 11.05.2021, https://www.tagesschau.de/wirtschaft/konjunktur/inflation-ezb-geldpolitik-rohstoffpreise-deutschland-fed-usa-101.html.

Wenigen bestritten. Trotzdem brauchte es bis zum Jahr 2015 und der sage und schreibe 21. Internationalen Klimakonferenz, um eine Beschränkung des weiteren Temperaturanstiegs als Ziel zu vereinbaren. *Als Ziel*, wohlgemerkt, *möglichst* auf 1,5 Grad! Das heißt ja nichts anderes als: „wäre ganz nett, wenn es nicht zu warm wird". Kein Wunder, dass sich die von der Erwärmung am stärksten betroffene Generation mit „Fridays for Future" lautstark bemerkbar gemacht hat. Und, immerhin, es verändert sich etwas. Nicht nur in Form von sich gegenseitig überbietenden Zielzahlen, sondern auch mit konkreten Maßnahmen wollen die Bundesregierung, die EU und viele andere Länder eine „klimaneutrale Politik" umsetzen.[3] Die Weltgemeinschaft versucht also, den in Richtung Chaosrand rasenden Zug noch abzubremsen. Ob das gelingt, wird sich zeigen. Die Fluktuationen, z. B. in Gestalt von Wetterextremen, nehmen schon seit Jahren zu. Und die Beobachtung des arktischen Eises zeigt nicht nur generell dessen starke Abnahme, sondern eben auch dessen verlangsamte Erholung. Der Kipppunkt des Systems könnte bereits erreicht sein und die Entwicklung in Richtung eisfreier Arktis wäre nicht mehr aufzuhalten – mit einem Anstieg des weltweiten Meeresspiegels um 6 bis 7 m als Folge.[4]

Auch in anderen großen Systemen droht ein Umkippen: Modellrechnungen zeigen, dass schon die Abholzung eines Viertels der Fläche des brasilianischen Regenwalds aufgrund der dann geringeren Verdunstung zu einer unumkehrbaren Versteppung des gesamten Waldgebiets führt. Der derzeitige Anteil der insbesondere durch Brandrodung verloren gegangenen Fläche beträgt bereits knapp 20 %![5]

Das Phänomen des „critical slowing down", hier der immer langsameren Erholung nach Wirtschaftseinbrüchen, wird auch

[3]Bundesministerium für Umwelt, Naturschutz und nukleare Sicherheit, https://www.bmu.de/themen/klima-energie/klimaschutz/eu-klimapolitik/.

[4]https://www.spektrum.de/news/eisschmelze-groenlands-kipppunkt-koennte-schon-erreicht-sein/1874647

[5]https://www.spektrum.de/news/was-die-amazonasbraende-wirklich-bedeuten/1668902

in den Wirtschaftswissenschaften diskutiert.[6] Ob die Angst vor dem damit verbundenen Kipppunkt berechtigt ist, könnte sich bereits in wenigen Jahren gezeigt haben, wenn die Corona-Krise hoffentlich überwunden ist.

Auf ideeller Ebene führt die zunehmende Komplexität der Welt zu Gegenreaktionen und dem Bedürfnis nach Einfachheit. Wo die Verwobenheit der Systeme zu groß wird, befürchten wir leicht Kontrollverlust und fühlen uns bedroht. Gegenläufige Tendenzen setzen ein. Die oben erwähnten Abschottungsmaßnahmen einzelner Länder, sei es durch ein Verlassen von Staatenverbünden, s. Brexit, oder durch den Aufbau von Handelshindernissen, s. Zollstreitigkeiten zwischen den USA und der EU, bremsen zumindest zeitweilig die Tendenz zur Globalisierung der Weltwirtschaft. Und auch die Angst vor einem andauernden Flüchtlingsstrom hat in den Jahren nach 2015 zu einer stärkeren Betonung des Nationalen in vielen europäischen Ländern und damit zu realen Abschottungsmaßnahmen geführt. All dies reduziert zwar – wie von den Initiatoren beabsichtigt – die Komplexität unserer Gesellschaft, aber damit letztlich auch das ihr innewohnende Entwicklungspotenzial!

Darüber hinaus hat die Betonung der Individualität – des eigenen Andersseins – zu einem Erstarken des Identitarismus geführt. Damit meine ich nicht nur die sogenannte identitäre Bewegung, die ethnische Besonderheiten in den Mittelpunkt stellt, sondern *jegliche* Betonung der Partikularität und der Partikularinteressen. Wenn wir die Gesellschaft als Netz im Sinne von Kap. 7 betrachten, entfernen sich dadurch die Knoten des Netzes voneinander und das Gemeinsame geht tendenziell verloren. Die modernen Informationstechnologien befördern diese Tendenz noch, indem sie individuelle Weltbilder und (scheinbare) Realitäten vermitteln – was generell zu einer Zersplitterung der Wertevorstellungen führt. Die Gesellschaft verliert dadurch den Boden einer gemeinsamen Realität.

[6] https://scilogs.spektrum.de/fischblog/warum-die-us-wirtschaft-zusammenbricht-oder-auch-nicht/

Mehr noch: die objektiv vorhandene Komplexität wird nur noch reduziert wahrgenommen und einfache Lösungen zur Bewältigung komplexer Probleme scheinen auf einmal möglich. Hoffen wir, dass das Netz, das unsere Gesellschaft zusammenhält, nicht reißt…

Aber zurück zu diesem Büchlein: Die obigen Gedanken gaben mir Grund genug, unter Beibehaltung der Gesamtstruktur eine neue Auflage vorzubereiten. Alle Analysen realer Daten und die damit verbundenen Abbildungen sowie die Literaturangaben sind dabei auf den neuesten Stand gebracht worden. Der Text ist weitgehend unverändert geblieben, an verschiedenen Stellen habe ich die Darlegung aber etwas ausführlicher und dadurch, wie ich hoffe, verständlicher gemacht. Das betrifft insbesondere die Formulierung der Potenzgesetze in Kap. 2 und der Eigenschaften des Logarithmus in Kap. 3. Daneben hoffe ich, einen weiteren Teil der auch nach dem 10. Korrekturlesen des Manuskripts noch durchgeschlüpften Fehlerchen ausgebügelt zu haben.

Zum Inhalt: Wer sich die Mühe macht, diese Ausgabe mit der 1. Auflage zu vergleichen, wird feststellen: Qualitativ haben sich die untersuchten Systeme nicht verändert: Die Erdbebenverteilung ist dieselbe geblieben, und glücklicherweise ist seit Fukushima auch kein weiteres Extrembeben mehr aufgetreten.

Die Bevölkerungszahlen der deutschen Städte unterliegen nach wie vor dem Zipfschen Gesetz (diesmal anhand der *1000* größten Städte dargestellt) – ungeachtet der Tatsache, dass sich natürlich in jedem einzelnen Ort die Einwohnerzahl in den letzten 10 Jahren verändert hat. Allerdings scheint mir, dass sogar noch ein paar 500.000-„Zauberer“ hinzugekommen sind, s. Kap. 3.

Und die Worthäufigkeiten? Sie bestätigen das 1/f-Gesetz besser denn je – aufgetragen in Abschn. 3.3 anhand von 1 Million deutscher Sätze. Auch der DAX zeigt 1/f-Fluktuationen – egal, ob ich ihn von 2000 bis 2011 wie in der ersten Auflage oder bis 2020 untersuche. Finanzmärkte waren und sind nun mal komplex. Und – wie erwartet – bleiben auch die Lottozahlen unvorhersagbar. Nur dass der Verlierer des Jahres 2011, die 48, jetzt im oberen Mittelfeld rangiert.

Die Neuauflage bestätigt also, dass die vor 10 Jahren vorgestellten Komplexitätsgesetze nach wie vor gültig sind. Sie setzen sich aber nicht von *allein* durch: welchen Zustand ein System letztlich einnimmt, wird wesentlich von den handelnden Akteuren bestimmt. Beobachten Sie die Welt also genau, und – noch besser – nutzen Sie alle Möglichkeiten, sie ein Stück weit vom Chaosrand fern und dadurch lebenswert zu erhalten. Ich würde mich freuen, wenn dieses Buch Ihnen dabei ein kleines bisschen hilft.

Nachtrag im Oktober 2021: Vor wenigen Tagen wurden die diesjährigen Physik-Nobelpreise an drei Forscher vergeben, die wesentliche Beiträge zur Beschreibung komplexer Systeme geleistet haben. Der Deutsche Klaus Hasselmann, der Japaner Syukuro Manabe und der Italiener Giorgio Parisi trugen maßgeblich dazu bei, Gemeinsamkeiten im Verhalten verschiedenster Systeme aufzudecken und mathematisch zu beschreiben. Ihre Erkenntnisse erlauben es, eines der drängendsten Probleme der Gegenwart – den menschgemachten Klimawandel – besser zu verstehen und Bewältigungsstrategien abzuleiten. Einen schöneren Beleg für die Aktualität des vorliegenden Buches und seines Bezugs zu brennenden Fragen unserer Zeit hätte ich mir nicht wünschen können ...

Erfurt
im Mai 2021

Frank-Michael Dittes

Inhaltsverzeichnis

Einleitung: Komplexität und Pünktlichkeit

1

Zusammenfassung

Was ist Komplexität? Wieso gibt es sie überhaupt und warum werden und sind Systeme komplex? Ist Komplexität messbar? Ist sie gut und wenn ja, in welchem Sinne? Das vorliegende Kapitel stellt den „Fahrplan" zur Beantwortung dieser Fragen vor und erörtert dazu zunächst verschiedene Facetten des Begriffs „Komplexität".

Pünktlich wie die Uhr – so heißt es gern, wenn jemand genau zur verabredeten Zeit erscheint – sei es nun zum Seminar, zum Meeting oder zu einem „Date", wie meine Studenten sagen würden. Dabei ist selbst die mechanische Uhr, auf der dieser Spruch beruht, schon ein recht komplexes System: Räder greifen ineinander, Federn spannen und entspannen sich, leise tickt die Unruh … Bereits hier zeigt sich, dass Komplexität auch ihre Tücken hat: Wehe, Sand kommt ins Getriebe oder eine Achse bricht, dann geht auf einmal gar nichts mehr. Und je feiner das Uhrwerk, desto anfälliger ist es für Störungen. Oder nehmen wir die Bahn. Natürlich ist sie nicht „nie pünktlich" – der Leser verzeihe den „PR-Trick" des Buchtitels, aber ihr Fahrplan ist mindestens ebenso anfällig für Störungen wie das o. g. Uhrwerk. Jeder Reisende hat seine eigenen Erfahrungen damit und mindestens eine Meinung dazu. Und überhaupt, was hat

F.-M. Dittes, *Komplexität,* Technik im Fokus,
https://doi.org/10.1007/978-3-662-63493-6_1

Pünktlichkeit mit Komplexität zu tun? – ein Zusammenhang, den wir im Folgenden betrachten wollen.

Die Definition der *Pünktlichkeit* scheint jedem klar: Es ist das Einhalten einer Verabredung oder eines versprochenen Zeitpunkts. Früher hieß es zu Hause: „Mittag gibt es um 12, aber sei pünktlich!“ Oder noch schlimmer: „5 min vor der Zeit ist die gewohnte Pünktlichkeit.“ Na ja, das wäre bei der Bahn auch nicht so gut, jedenfalls nicht zur Abfahrt. Aber was ist *Komplexität*? Wieso gibt es sie überhaupt, wäre ein Leben ohne sie nicht viel einfacher? Wieso werden und sind Systeme komplex? Ist Komplexität messbar? Ist sie gut und wenn ja, in welchem Sinne?

Das vorliegende Buch will einen Beitrag zur Beantwortung dieser Fragen leisten. Es setzt dazu Komplexität in Beziehung zu anderen Begriffen wie Korrelation, Vielfalt oder Vernetzung und illustriert deren Zusammenhänge an zahlreichen Beispielen. Dies sind zum einen *reale Systeme* – ich betrachte im Folgenden in erster Linie technische – zum anderen sind es *einfache Modelle,* für die ich Computersimulationen erstellt habe. Sie können gern selbst damit „spielen“ – die entsprechenden Programme finden Sie unter http://www.dittes-komplexitaet.de.

Um es vorweg zu nehmen: Es gibt keine *allgemein* gültige Definition von Komplexität – in verschiedenen Bereichen wird sie teilweise unterschiedlich beschrieben.

- Systemtheoretisch wird Komplexität mit der Größe und der Vielschichtigkeit von Systemen in Beziehung gebracht: „Die Komplexität eines Systems steigt mit der Anzahl an Elementen, der Anzahl an Verknüpfungen zwischen diesen Elementen sowie der Funktionalität dieser Verknüpfungen (zum Beispiel Nicht-Linearität).“ [1]
- In der Volkswirtschaftslehre heißt es: Komplexität ist die „Gesamtheit aller voneinander abhängigen Merkmale und Elemente, die in einem vielfältigen aber ganzheitlichen Beziehungsgefüge (System) stehen. Unter Komplexität wird die Vielfalt der Verhaltensmöglichkeiten der Elemente und die Veränderlichkeit der Wirkungsverläufe verstanden.“ [2] In der Soziologie wurde von J. Habermas in Zusammenhang mit

komplexem Verhalten der Begriff der „Unübersichtlichkeit" ins Spiel gebracht.

- Und Komplexität im Bereich der Technik? Dafür gibt es in Magdeburg ein ganzes Max-Planck-Institut, das die zunehmende Integration von Prozessen bei wachsender Verschiedenartigkeit der Anforderungen – hohe Qualität, sparsamer Ressourcenverbrauch, hohe Ausbeute, minimale Umweltbelastung – untersucht [3].

Eine andersartige Definition wird darüber hinaus in der Informatik verwendet, wo Komplexität sowohl für den Rechenaufwand zur Lösung eines Problems als auch für den Informationsgehalt von Daten stehen kann. Die Erörterung dieser speziellen Facetten würde allerdings den Rahmen dieses Buches sprengen, eine aktuelle Darstellung findet sich z. B. in [4].

Wie man sieht, sind bereits die Definitionen der Komplexität ziemlich komplex. Generell hat Komplexität dabei zwei Aspekte: den der komplexen *Struktur* und den des komplexen *Verhaltens* eines Systems. Beide Aspekte sollen in diesem Buch beleuchtet und in Zusammenhang gebracht werden.

Komplexe Struktur bedeutet: Das System hat viele oder vielfältige Elemente, die intensive Wechselbeziehungen aufweisen. Jedes Element ist mit anderen verknüpft; die Art der Verknüpfungen kann ihrerseits nicht-trivial, z. B. nicht-linear sein. Infolge der Verflechtungen der Elemente bilden sich vielschichtige innere Strukturen aus.

Damit ist auch der wesentliche Unterschied zur *Kompliziertheit* formuliert: Kompliziert nennen wir ein System, das zwar viele Elemente, aber wenig Struktur, z. B. nur wenige Schichten aufweist. Ein Kreuzworträtsel zu lösen oder ein Puzzle zu legen kann kompliziert sein, ebenso wie einen Knoten zu entwirren oder den Ausweg aus einem Labyrinth zu finden. Wir nennen eine Mathe-Aufgabe kompliziert, wenn sie schwer zu lösen ist, z. B. wenn sie viele Rechenschritte erfordert. Dagegen bezeichnen wir ein Problem in der Regel als *komplex,* wenn schon der Lösungsansatz schwierig ist. Die Eindämmung der Erderwärmung oder die Bewältigung von Schuldenkrisen sind solche komplexen Probleme. Ihre Lösung kann nur durch ein

Bündel von Einzelmaßnahmen erreicht werden, deren Wirkung von einer Vielzahl an Faktoren abhängt und die sich zum Teil gegenseitig beeinflussen.

Komplexität zeigt sich aber nicht nur im Aufbau von Systemen, sondern auch in deren *komplexem Verhalten.* Darunter versteht man zunächst die Vielfalt von Reaktionsmöglichkeiten: Je nach Blickwinkel und nach der an das System gestellten Frage kann es verschiedene, z. T. widersprüchliche Seiten offenbaren. Menschen zeigen komplexes Verhalten, ebenso wie soziale Systeme, aber auch technische oder Öko-Systeme. Eine Folge davon ist die Fähigkeit zur *Adaption,* d. h. zur Anpassung des Verhaltens an neue Herausforderungen – die Entwicklungsfähigkeit also. Zum anderen zieht Komplexität aber eine gewisse Unvorhersagbarkeit des Verhaltens nach sich. Das System hat den Rahmen einfacher Ursache-Wirkungs-Beziehungen verlassen und zeigt mehr oder weniger ausgeprägte Anzeichen von chaotischem Verhalten. Dies ist auch bei technischen Systemen augenfällig, besonders bei solchen, die an der Grenze zur technologischen Machbarkeit liegen: Weltraumsonden, verteilte Informationssysteme, generell *Netze,* auf die ich noch ausführlich zu sprechen komme.

Komplexität hat unseren Alltag durchdrungen. Wir können ihr nicht ausweichen, aber wir müssen sie beherrschbar halten. Damit komme ich auf ein *zweites Anliegen* dieses Buches: es soll helfen, Komplexität „in die Normalität" zu holen, die häufig anzutreffende Skepsis, ja direkt Angst vor ihr abzubauen. Albert Einstein hat einmal gesagt, man solle eine Sache so einfach wie möglich machen, aber nicht einfacher. Ohne ein gewisses Maß an Komplexität sind viele Dinge weder zu verstehen noch zu lösen. Wo die Grenze zwischen zulässiger und unzulässiger Vereinfachung liegt, muss für jedes Problem neu ausgelotet werden:

- in der Politik, wo gemeinhin nur einfache Lösungen als „zumutbar" angesehen werden, wo die Vielschichtigkeit von Problemen gar zu leicht unter den Tisch gekehrt wird oder wo jede „Seite" gern nur die ihr genehmen Aspekte herausgreift,
- im Alltag, wo auch wir allzu oft den einfachen Weg gehen wollen,

- in der Technik, wo wir gern einfach zu bedienende Geräte und Systeme hätten, auch wenn das der Komplexität des Problems nicht angemessen ist.

Die Komplexität vieler Systeme erhöht sich scheinbar unaufhaltsam. Wir profitieren davon, indem sie in einem noch zu erläuternden Sinne „besser" werden. Ein normales Auto verfügt mittlerweile über Spurhaltesysteme, automatische Abbremsmechanismen, es zeigt an, wie man am besten einem Stau ausweicht usw. Alles nützliche Komponenten, aber wehe, wenn sie ausfallen oder gar außer Kontrolle geraten. Wir möchten auf die Errungenschaften der komplexen Technik nicht verzichten – und scheinen doch der damit verbundenen Komplexität ausgeliefert zu sein. Komplexität hat offenbar ihren Preis: Ich werde zeigen, dass mit wachsender Komplexität ein Streben zu *kritischem Verhalten* einhergeht, mit dem auch eine wachsende Störanfälligkeit des Systems verbunden sein kann. Und ich werde erläutern, wie man dieser Tendenz entgegenwirken kann.

Das vorliegende Buch gliedert sich folgendermaßen: In Kap. 2 untersuchen wir, wie die *Wechselbeziehungen* zwischen den Teilen eines Systems zur Ausbildung von Komplexität führen. Dabei zeigt sich die zentrale Rolle von *Wahrscheinlichkeiten* und wir stoßen auf die besondere Bedeutung *kritischer Punkte,* die stabiles von instabilem Verhalten trennen. Kap. 3 illustriert den Aspekt der *Vielschichtigkeit* komplexer Systeme. Die dabei auftretenden Potenzgesetze werden als zentrales Merkmal von Komplexität herausgestellt und an verschiedenen Beispielen illustriert. In Kap. 4 wird die Rolle der *Selbstorganisation* von Systemen bei der Ausbildung komplexen Verhaltens untersucht, dem daraus resultierenden Auftreten großer *Fluktuationen* ist Kap. 5 gewidmet. Der Zusammenhang zwischen Komplexität und *Chaos* nimmt das sechste Kapitel ein, bevor ich mit der Betrachtung komplexer *Netze* in Kap. 7 den Bogen zur Komplexität der *Bahn* schlage (Kap. 8). Betrachtungen über die Notwendigkeit und die Möglichkeit der *Reduktion von Komplexität* schließen das Buch ab.

Komplexe technische Systeme müssen funktionieren und sich an den Interessen der Benutzer orientieren. Vielleicht geht es

Ihnen nach der Beschäftigung mit Komplexität aber ein bisschen wie mir: Manche Störung, wie sie in komplexen Systemen nun mal auftritt, sehe ich jetzt mit anderen Augen – sogar die eine oder andere Unpünktlichkeit der Bahn. Ich wünsche Ihnen eine spannende Reise.

Literatur

1. P Milling: Systemtheoretische Grundlagen zur Planung der Unternehmenspolitik. Duncker & Humblot, Berlin, 1981
2. E Winter, R Mosena, L Roberts (HG): Gabler Wirtschaftslexikon. Springer Gabler, 2018
3. Max-Planck-Institut für Dynamik komplexer technischer Systeme, http://www.mpi-magdeburg.mpg.de/
4. J Kripfganz, H Perlt: Praktische Komplexitätstheorie in Beispielen. Carl Hanser Verlag, München, 2020

Beziehung ist alles: Komplexität und Korrelation

2

Zusammenfassung

In diesem Kapitel gehen wir auf die erste Voraussetzung für das Entstehen eines komplexen Systems ein: Seine Komponenten müssen miteinander in Beziehung stehen. Als typisches Beispiel dienen uns dazu *Kettenreaktionen.* Wir werden drei verschiedene Verhaltensmuster beobachten: Auf der einen Seite das schnelle Abklingen, auf der anderen Seite das explosive Anwachsen der Reaktion. Und wir stoßen zum ersten Mal auf das *kritische Verhalten* an der Grenze zwischen diesen beiden Mustern.

2.1 Alles Gauß, oder?

Erinnern Sie sich noch an den guten alten 10-DM-Schein? Er setzte einem der größten deutschen Mathematiker ein Denkmal, Carl Friedrich Gauß. Gauß lebte von 1777 bis 1855, und er leistete auf vielen Feldern Bahnbrechendes. Seine Tätigkeit als Geodät wurde im Bestseller-Roman „Die Vermessung der Welt" von Daniel Kehlmann [1] eindrucksvoll beleuchtet. Vor allem aber war er der „Mathematikerfürst". Seine mathematischen Arbeiten reichen von der Konstruktion regelmäßiger Vielecke bis zur Gaußschen Osterformel, mit deren Hilfe das Osterdatum jedes beliebigen Jahres berechnet werden kann. Eine

F.-M. Dittes, *Komplexität,* Technik im Fokus,
https://doi.org/10.1007/978-3-662-63493-6_2

seiner frühen Leistungen, ein mit Zirkel und Lineal konstruiertes 17-Eck, findet sich sogar auf seinem Grabstein eingraviert.

Was uns hier jedoch interessiert, ist die *Gaußverteilung* – die auf dem Geldschein abgebildete Glockenkurve, s. Abb. 2.1. Diese Kurve gibt die Verteilung von Wahrscheinlichkeiten bei bestimmten Zufallsprozessen an. Meine Studenten nahmen einen 10-DM-Schein denn auch gern mit in die Statistik-Klausuren, als nicht ganz legales, aber doch augenzwinkernd geduldetes Hilfsmittel.

Konkret: Eine Gaußkurve entsteht immer dann, wenn viele unabhängige Ereignisse oder Parameter zusammengestellt werden. Ein schönes Beispiel hierfür ist die Häufigkeitsverteilung der Körpergrößen in Deutschland [2], s. Abb. 2.2. Die Körpergrößen sind sicher *statistisch unabhängig* voneinander: Egal ob jemand kurz oder lang, dick oder dünn ist, seine Größe hat keinen Einfluss auf die Größen anderer Menschen. Bestenfalls beeinflusst sie die Größe seiner Nachkommen, aber deren Zahl ist vernachlässigbar klein im Vergleich zur Gesamtheit der 80 Mio. Bundesbürger. Auch eine weitere Voraussetzung für das Zustandekommen der Gaußkurve ist im betrachteten Fall gegeben: die Grundgesamtheit muss *homogen,* d. h. im Wesentlichen gleichartig, sein. Für biologische Systeme heißt das im Wortsinne „der gleichen Art“ zugehörig. So sähe die

Abb. 2.1 10-DM-Schein

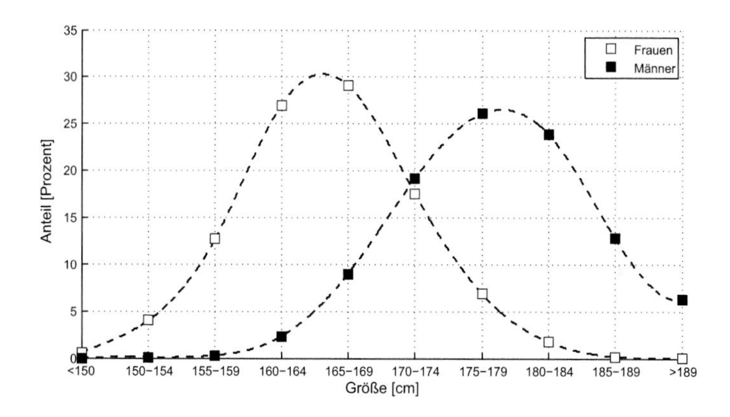

Abb. 2.2 Verteilung der Körpergrößen in Deutschland

Verteilungsfunktion der Körpergrößen von 1000 Elefanten *und* 1000 Mäusen natürlich nicht der Glockenkurve ähnlich, sondern würde eine Überlagerung *zweier* Gaußkurven sein – eine mit einem Maximum bei der mittleren Mausgröße und eine bei der der Elefanten. Übertragen auf andere Systeme bedeutet dies, dass für alle Elementarereignisse vergleichbare Bedingungen herrschen müssen.

Das Entstehen einer Gaußkurve kann jeder selbst ausprobieren. Falls Sie gerade nicht 80 Mio. Freunde zur Hand haben oder das Zentralregister der vergangenen Volkszählung einsehen können, so reicht dafür auch eine einfache Münze, die sie mehrmals hintereinander werfen. Wenn die Münze ideal ist, d. h. keine bevorzugte Seite aufweist, dann sollten bei jedem Wurf „Kopf“ und „Zahl“ mit der gleichen Wahrscheinlichkeit, nämlich 1/2, fallen. Im Mittel sollten beide Seiten also gleich oft erscheinen. Um es besser darstellen zu können, denken wir uns im Folgenden, die Münze hätte eine weiße und eine schwarze Seite, veranschaulicht als ○ und ●. Wir werfen die Münze jetzt wieder und wieder und zählen, wie oft sie dabei auf die schwarze Seite fällt.

▶ **Definition** Elementarereignis: Einzelnes Ereignis, das einen Beitrag zum Gesamtergebnis liefert, z. B. einmaliges Werfen einer Münze. Jedes Elementarereignis hat ein konkretes Ergebnis, z. B. „Kopf".

Ein einzelner Wurf stellt ein *Elementarereignis* dar. Er kann offenbar 2 mögliche Ergebnisse aufweisen: ○ und ●, jedes mit einer Wahrscheinlichkeit von 1/2. Bei zwei Würfen gibt es 4 Möglichkeiten: ○○, ○●, ●○, ●●, jede mit einer Wahrscheinlichkeit von 1/4. Dabei ist bei einer dieser 4 Möglichkeiten *keine einzige* schwarze Seite zu sehen (entsprechend dem Ergebnis ○○), in zwei Fällen gibt es *einmal* schwarz (bei ○● und ●○), und in einer der 4 Möglichkeiten sogar *zweimal* ● (der Fall ●●). Die Wahrscheinlichkeit keine einzige schwarze Seite zu erhalten ist also 1/4, für 1-mal schwarz ist sie 2/4 und für 2-mal ● wieder nur 1/4. Analog ergeben sich bei drei Würfen insgesamt 8 Möglichkeiten: ○○○, ○○●, ○●○, ●○○, ○●●, ●○●, ●●○ bzw. ●●●, bei denen „kein ●" und „3-mal ●" je einmal vorkommen, „1-mal ●" und „2-mal ●" aber 3-fach vertreten sind. Die Wahrscheinlichkeiten für 0-, 1-, 2- bzw. 3-mal ● sind folglich 1/8, 3/8, 3/8 bzw. 1/8.

Setzt man diese Überlegungen fort, so ergibt sich Tab. 2.1. Hierbei erkennt man sehr schön die Gesetzmäßigkeit: Jeder

Tab. 2.1 Wahrscheinlichkeiten des Fallens ein und derselben Seite bei voneinander unabhängigen Münzwürfen

	Anzahl ●						
	0	1	2	3	4	5	…
Anzahl Würfe							
1	1/2	1/2					
2	1/4	2/4	1/4				
3	1/8	3/8	3/8	1/8			
4	1/16	4/16	6/16	4/16	1/16		
5	1/32	5/32	10/32	10/32	5/32	1/32	
…							

Zähler der auftretenden Brüche ist die Summe der Zähler der genau darüber und der links darüber stehenden Wahrscheinlichkeiten. Die Nenner dagegen verdoppeln sich von Zeile zu Zeile, entsprechend der Verdopplung der Zahl der möglichen Kombinationen von ○ und ● bei Hinzufügen einer Münze. Die Zähler bilden damit das sogenannte Pascalsche Dreieck, s. Abb. 2.3, benannt nach dem französischen Mathematiker Blaise Pascal (1623–1662). Herr Pascal hat es übrigens auch auf eine Banknote geschafft, er war der französischen Nationalbank sogar 500 Franc wert!

Für die Herausbildung der Gaußverteilung ist nun Folgendes wichtig: Je öfter ich werfe, desto mehr gruppieren sich die Ergebnisse um die *mittlere* Anzahl: „Schwarz“ fällt also mit immer größerer Sicherheit in ungefähr der Hälfte der Fälle! Die grafische Darstellung zeigt das schon für kleine Wurfserien sehr deutlich (s. Abb. 2.4).

Aufgetragen sind die Wahrscheinlichkeiten aus Tab. 2.1 in Abhängigkeit von der Zahl der erhaltenen schwarzen Seiten.

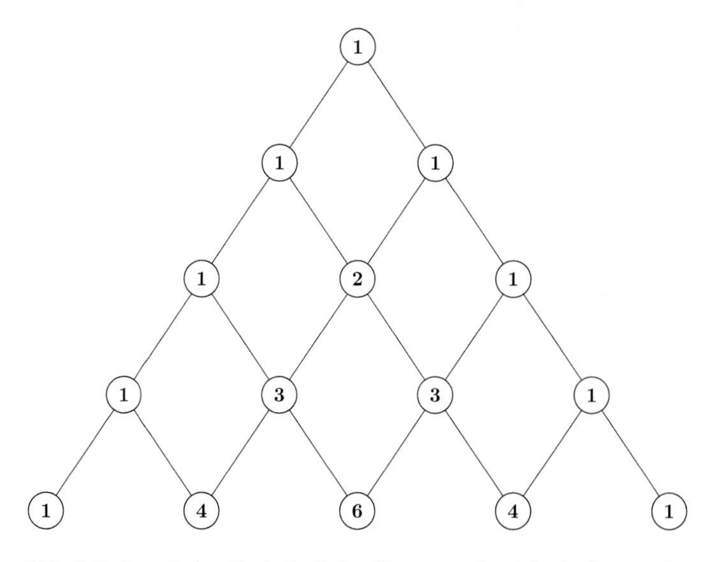

Abb. 2.3 Pascalsches Dreieck: Jeder Eintrag ergibt sich als Summe der beiden über ihm stehenden Zahlen

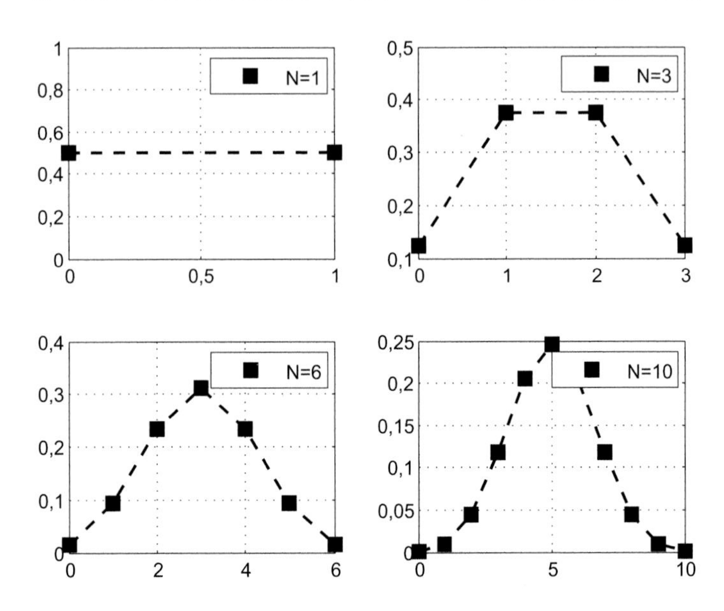

Abb. 2.4 Herausbildung der Gaußverteilung entsprechend Tab. 2.1: Je größer die Anzahl unabhängiger Elementarereignisse, N, desto deutlicher tritt die typische Glockenform zutage

Derartige Kurven nennt man daher auch *Wahrscheinlichkeits-* oder *Häufigkeitsverteilungen*. Das konkrete Aussehen hängt davon ab, wie oft ich meine Münze werfe, diese Anzahl ist hier mit N bezeichnet. Jede der in Abb. 2.4 gezeigten Verteilungen hat natürlich ihr Maximum bei der Hälfte der Wurfanzahl, d. h. bei $N/2$ – im Mittel fallen ○ und ● gleich oft. Auch die *Breite* der Verteilungen, d. h. die „Streuung" um diesen Mittelwert, nimmt mit wachsender Zahl der Würfe zu, allerdings viel langsamer als der Mittelwert! Die *relative Breite* nimmt daher schnell ab, die Verteilungen werden immer schmaler. Mit anderen Worten: Je öfter ich werfe, desto genauer wird die Beschreibung des Systemverhaltens durch den Mittelwert; große Abweichungen davon werden immer unwahrscheinlicher!

Das gilt natürlich nicht nur für das Werfen einer Münze mit ihren *zwei* Seiten, sondern auch für den Fall, dass 6 verschiedene Ergebnisse möglich sind – wie beim Würfeln, oder gar 49 – wie beim Lottospielen. Natürlich wird es länger dauern, 49 verschiedene Zahlen einigermaßen gleichverteilt – d. h. mit geringer Streuung – zu erhalten als 6 oder 2. Aber je mehr Versuche ich unternehme, desto gleichmäßiger wird die Verteilung werden. In Abschn. 5.3 kommen wir darauf zurück.

> **Wichtig** Bei der Aufsummierung der Ergebnisse vieler *unabhängiger* Elementarereignisse ergibt sich eine Glockenkurve. Je größer die Zahl der Ereignisse, desto enger sind die aufsummierten Werte um den Mittelwert zentriert. Die Einzelergebnisse weichen mal in die eine, mal in die andere Richtung vom Mittelwert ab, aber diese „Fehler" mitteln sich weitgehend heraus und sind in der Summe kaum noch sichtbar.

Dieses Verhalten erscheint dermaßen natürlich, dass die Mathematiker im Zusammenhang mit der Häufigkeit unabhängiger Ereignisse auch gern von der *Normalverteilung* sprechen. Aber wie „normal" ist sie wirklich?

Sehen wir uns dazu die Häufigkeitsverteilungen in realen Systemen an – auf solche werden wir im Laufe des Buches noch sehr oft zu sprechen kommen.

2.2 Korreliertes Verhalten

In Tab. 2.2 ist als Beispiel die Häufigkeit des Auftretens von Erdbeben angegeben; die Daten stellen die weltweit beobachtete Anzahl im Zeitraum 2000 bis 2019 dar [3]. Gruppiert sind die Zahlen nach der bis heute gebräuchlichen Richter-Skala, benannt nach ihrem Mitbegründer, dem US-amerikanischen Seismologen Charles Richter (1900–1985). Die Skala charakterisiert die Stärke der Beben anhand der Schwingungen der Erdoberfläche, der seismischen Magnitude, wie sie mit einem Seismographen gemessen werden können. Richter bediente sich nun allerdings eines Tricks – man möchte fast sagen, einer Täuschung: Um

Tab. 2.2 Weltweite Anzahl von Erdbeben 2000–2019

Stärke auf der Richter-Skala	Seismische Magnitude [relative Einheiten]	Freigesetzte Energie [TeraJoule]	Anzahl
3,0–3,9	1	0,002	ca. 2.600.000
4,0–4,9	10	0,063	ca. 260.000
5,0–5,9	100	2	32.133
6,0–6,9	1000	63	2769
7,0–7,9	10.000	2000	278
8,0–8,9	100.000	63.200	22
9,0 und mehr	1.000.000	2.000.000	2

aus den mit wachsender Stärke des Bebens extrem ansteigenden Seismometer-Ausschlägen „griffigere" Zahlen zu bekommen, postulierte er, dass eine *Verzehnfachung* der seismischen Magnitude lediglich zu einer Erhöhung des Wertes auf „seiner" Skala um *eine* Einheit führen soll.

Im Laufe der Zeit lernten die Geologen auch immer besser, die bei einem Beben freigesetzte *Energie* abzuschätzen und mit der gemessenen Magnitude und damit den Werten auf der Richter-Skala in Beziehung zu setzen. Dabei stellte sich heraus, dass jede Erhöhung der Stärke um einen Punkt der Richter-Skala einer *Verzweiunddreißigfachung* der freigesetzten Energie entspricht; ein Erdbeben, das 2 Richter-Punkte stärker als ein anderes ist, setzt also 32·32-, d. h. ca. 1000-mal mehr Energie frei, s. die 3. Spalte in Tab. 2.2.

Aus Tab. 2.2 erkennt man, dass die Anzahl an Erdbeben mit einer Stärke zwischen 7 und 8 ungefähr ein Zehntel derer mit Stärke zwischen 6 und 7 beträgt. Beben der Stärke 8 bis 9 sind ihrerseits 10-mal seltener als solche der Stärke 7 bis 8. *Über mehrere Größenordnungen* führt also ein Ansteigen der Energie um den Faktor 32 zu einer Abnahme der Häufigkeit um den Faktor 10! Mit einer kleinen „Beule" im Bereich 5 bis 6 setzt sich dieser Zusammenhang auch in Richtung schwächerer Beben fort. Schwache Beben werden ja nicht immer als solche wahrgenommen, geschweige denn zentral registriert, sodass hier nur ungefähre Zahlen vorliegen. Und es deutet sich an, dass auch die Häufigkeit von Beben mit einer Stärke größer als 9 dieser Gesetzmäßigkeit unterliegt, dass also auf 10 Jahre im Mittel 1 solches Beben kommt. Nach Daten des U.S. Geological Survey [3] wurden jedenfalls zwischen 1950 und 2020 fünf Beben der Stärke 9,0 bis 9,5 registriert, darunter das Beben vor der japanischen Küste am 11. März 2011 mit den bekannten tragischen Folgen.

Analog zur Darstellung der Größenverteilung in Abb. 2.2 kann man auch die Häufigkeitsverteilung der Erdbeben grafisch darstellen. Um die enormen Unterschiede in der Anzahl der Beben wie auch in deren Energie besser erfassen zu können, sind diese in Abb. 2.5 in *gestauchten,* „logarithmischen", Koordinaten aufgetragen, sodass zwischen einem Wert und dessen Zehnfachen stets der gleiche Abstand liegt – wir gehen darauf im nächsten Kapitel ausführlich ein.

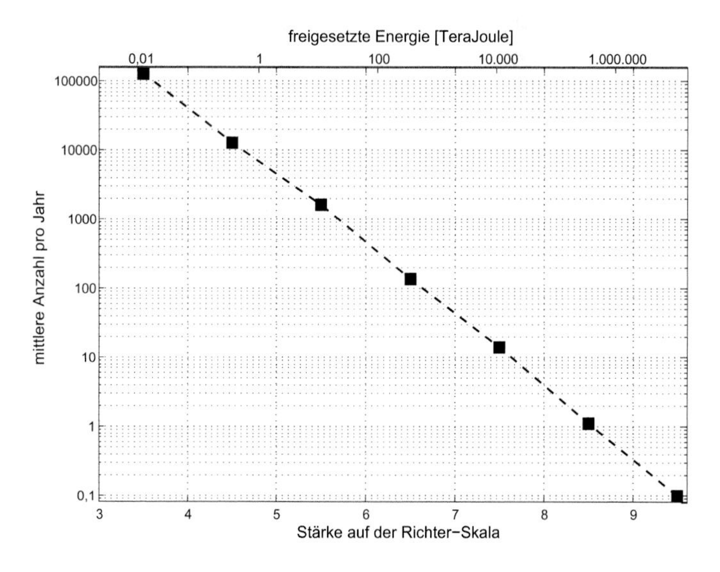

Abb. 2.5 Erdbebenhäufigkeit: Aufgetragen sind die Daten aus Tab. 2.2, wobei sowohl die Skala für die Anzahl als auch die für die freigesetzte Energie logarithmisch gestaucht wurden. In dieser doppelt-logarithmischen Darstellung hängen beide Größen *linear* miteinander zusammen

Die sich ergebende Kurve ist nun ganz offensichtlich keine Gaußkurve mit einem gut ausgeprägten Maximum und einem schnellen Abklingen zu den Seiten hin! Stattdessen zeigt die Statistik der Erdbeben eine Verteilung, die sich über mehrere Größenordnungen sowohl in der Energie als auch in der Anzahl erstreckt. Die zugehörigen Wahrscheinlichkeiten werden zwar mit wachsender Energie immer kleiner, aber bei weitem nicht so schnell wie sich das für eine Glockenkurve gehören würde. Der Unterschied zu Gauß-verteilten Ereignissen könnte nicht größer sein: Stellen Sie sich nur für einen Augenblick vor, mit den Körpergrößen würde es sich genauso verhalten: Nehmen Sie irgendeine Größe, sagen wir 1,50 m. Davon gibt es in Deutschland vielleicht 10 Mio. Menschen. Wenn dann das gleiche Gesetz wie für die Erdbeben gelten würde, müsste es Menschen mit 32-facher Größe geben, und zwar ein Zehntel davon, d. h. immer noch eine Million. Und Menschen mit $32 \cdot 32 \approx 1000$-facher Größe, wiederum ein Zehntel davon, usw. Unvorstellbar, nicht wahr? Zum Glück sind „wir" Gauß-verteilt, schon das Doppelte der mittleren Größe kommt in der Realität nicht vor. Viele andere Systeme sind es aber nicht, und zwar immer dann, wenn *Korrelationen* eine Rolle spielen.

Mathematisch haben wir es bei der oben beschriebenen Tendenz der Verringerung der Zahl der Beben um den Faktor 10 beim Übergang von einem Wert auf der Richter-Skala zum nächsten mit einem *Potenzgesetz* zu tun. Dabei hängt eine Größe vom Vielfachen – das kann auch eine negative Zahl oder ein Bruch sein – einer anderen ab. In unserem Fall heißt das: die Anzahl N der Beben einer gewissen Stärke ist umgekehrt proportional zur zugehörigen seismischen Magnitude M:

$$N \propto \frac{1}{M}$$

(Mit dem Zeichen „$\propto$" wird dabei die Proportionalität der linken zur rechten Seite der Beziehung dargestellt.)

Und auch der Zusammenhang zwischen N und der Energie E der Beben unterliegt einem Potenzgesetz: Ich erhalte eine Verringerung um *zwei* Zehnerpotenzen in der Anzahl, wenn ich 2 Einheiten auf der Richter-Skala vorrücke, wobei die

Energie aber um den Faktor 1000, also um *drei* Zehnerpotenzen zunimmt. Der Zusammenhang zwischen N und E lautet deshalb

$$N \propto \frac{1}{E^{2/3}}$$

Auf Potenzgesetze kommen wir im nächsten Kapitel an vielen Beispielen zurück; sie werden sich als eines der zentralen Anzeichen für komplexes Verhalten erweisen. Die Gaußverteilung war ja eine zwingende Konsequenz aus der Überlagerung *unabhängiger* Ereignisse, die in Abb. 2.5 gezeigte Verteilung ist aber keine Gaußverteilung. Große Beben sind also offenbar nicht als Summe vieler kleiner, unabhängiger Elementarereignisse zu sehen. Stattdessen sind sie das Ergebnis eines *korrelierten Verhaltens* der Erdkruste. *Ko(r)-Relation* heißt dabei im Wortsinne „miteinander zu tun haben“, einander beeinflussen. Und wie bereits in Kap. 1 ausgeführt, ist es ja gerade diese gegenseitige Beeinflussung, die eine wichtige Voraussetzung für Komplexität darstellt!

Im nächsten Abschnitt soll daher illustriert werden, dass Korrelationen zu potenzartigen Abhängigkeiten führen *können,* in den Kap. 4 und Kap. 6 zeigt sich dann, dass sie typischerweise dazu führen *müssen.*

2.3 Ein Modell für gekoppelte Ereignisse: die Kettenreaktion

Um den Zusammenhang zwischen Korrelation und der Abweichung von der Gaußverteilung besser zu verstehen, betrachten wir einen der eindrucksvollsten Mechanismen für korreliertes Verhalten, die *Kettenreaktion.* In einer Kettenreaktion ist die Wahrscheinlichkeit für das Auftreten eines Ereignisses nicht fest vorgegeben, sondern hängt von der Vorgeschichte des Systems ab. Mehr noch: Das nächste Ereignis findet überhaupt nur statt, wenn das vorausgehende ein bestimmtes Ergebnis gezeitigt hat. Die Ereignisse sind also miteinander *gekoppelt.*

Kettenreaktionen können vielfältiger Natur sein. Denken Sie z. B. an die Entstehung und das Fortbestehen einer Dynastie, in der jede Generation mit einer gewissen Wahrscheinlichkeit eine Reihe von Nachkommen hat. Oder eine Kettenreaktion kann im wahrsten Sinne des Wortes durch einen *Dominoeffekt* zustande kommen, d. h. durch das von einem einzigen Anstoß ausgelöste Umwerfen von Dominosteinen. Die Länge der Kette hängt dabei von Anzahl und Aufstellung der Steine ab; der Weltrekord liegt bei über vier Millionen Steinen! Im Weiteren werden wir in diesen Fällen oft von *„Lawinen"* sprechen, weil auch eine Schneelawine durch das gegenseitige „Anstoßen" von Schneepartikeln zustande kommt – ausgelöst durch ein einziges kleines Elementarereignis.

Als Beispiel aus dem Bereich der Technik betrachten wir im Folgenden eine *nukleare* Kettenreaktion – auch wenn das gegenwärtig nicht sehr opportun sein mag. Ein Uran-235-Kern setzt bei der Spaltung zwei bis drei Neutronen frei; jedes dieser Neutronen kann mit einer gewissen Wahrscheinlichkeit einen weiteren Kern spalten usw. Abb. 2.6 zeigt schematisch eine solche Reaktion. Die großen Kreise repräsentieren dabei die Urankerne, die kleineren die Zerfallsprodukte, und die

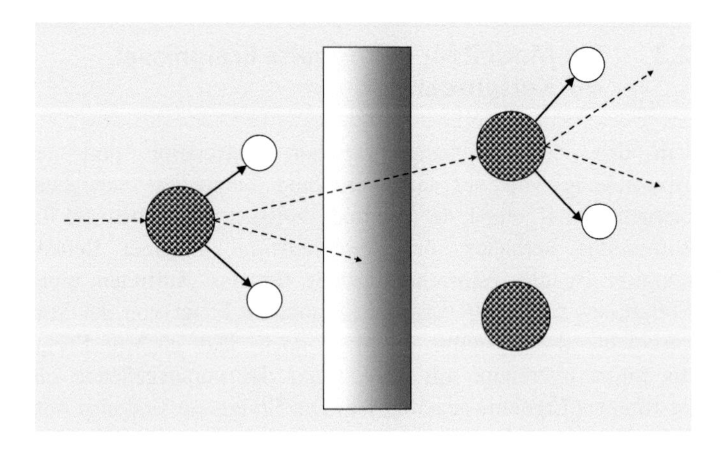

Abb. 2.6 Beginn einer Kettenreaktion: Ein ankommendes Neutron führt zur Spaltung eines Atomkerns und zur Freisetzung weiterer Neutronen. Diese können ihrerseits Spaltungen auslösen oder durch Absorption aus dem Prozess ausscheiden

gestrichelten Linien die freigesetzten Neutronen. Zentrale Bedeutung kommt dem eingezeichneten Dämpfungsblock zu: er reguliert, mit welcher Wahrscheinlichkeit ein Neutron eine weitere Kernspaltung auslöst. Die Dynamik der Reaktion hängt ganz wesentlich von dieser Spaltwahrscheinlichkeit ab: Ist sie zu klein, kommt die Reaktion schnell zum Erliegen, ist sie zu groß, werden in jedem Folgeschritt mehr und mehr Kerne gespalten und es kommt zur unkontrollierten Kettenreaktion, zur Explosion des Systems.

Zwischen diesen zwei Verhaltensweisen existiert jedoch eine dritte, bei der nicht alles schnell erlischt, bei der aber auch keine explosiven Prozesse auftreten. Sie ergibt sich, wenn die Spaltwahrscheinlichkeit einen ganz bestimmten, „kritischen" Wert aufweist. Die Kunst der Kerntechniker besteht gerade darin, diesen Wert zu treffen und das System dort zu halten – wir werden sehen, dass dazu einiges Fingerspitzengefühl erforderlich ist.

Nun zerfallen in uns und um uns herum zwar unablässig Atomkerne – das natürliche Isotopengemisch in unserer Umwelt und dessen Aufnahme durch Nahrung und Atemluft verursacht allein im menschlichen Körper an die Zehntausend radioaktive Prozesse pro Sekunde [4]. Trotzdem sind Kernreaktionen als Experimentierobjekt zu Hause eher unbeliebt. Benutzen wir daher zunächst unser Münzmodell und veranstalten ein kleines Spiel. Wir starten wieder mit dem Wurf einer Münze. Um den Prozess überhaupt in Gang zu bringen, nehmen wir an, wir hätten ein • geworfen. Und jedes • bringt Ihnen Glück: Sie dürfen die Münze dann nämlich als Gewinn zur Seite legen und bekommen zum Weiterspielen sogar *zwei* neue Münzen! Jede Münze aber, die auf die weiße Seite fällt, soll als wertlos gelten. Weder trägt Sie zu Ihrem Gewinn bei noch kriegen Sie dafür neue Münzen. Jedes ○ bedeutet also das Ende dieses Reaktionszweigs, während jedes • beim Werfen der zwei neuen Münzen zu 4 Fortsetzungsmöglichkeiten führt: ○○, ○•, •○ oder ••, jeweils mit einer Wahrscheinlichkeit von 1/4.

Wir simulieren also die nukleare Kettenreaktion. Münzen, die auf die schwarze Seite fallen, repräsentieren zerfallende Kerne: Sie erzeugen Energie, tragen also zum Gewinn bei. Und

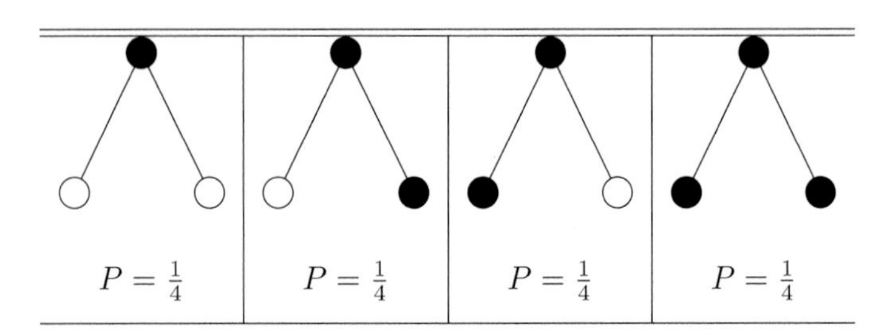

Abb. 2.7 Kettenreaktion im Münzspiel nach 2 Schritten: Nach dem Fallen einer schwarzen Seite gibt es 4 Fortsetzungsmöglichkeiten, jede mit einer Wahrscheinlichkeit von 1/4

sie produzieren zwei Neutronen, die die Kettenreaktion am Laufen halten können. Weiße Münzergebnisse stehen dagegen für Kerne, die trotz Einfangs eines Neutrons nicht zerfallen sind, und die deshalb ihrerseits auch keine weiteren Zerfälle anregen können – Nieten also. Die Wahrscheinlichkeit, dass ein eingefangenes Neutron einen neuen Zerfall auslöst, haben wir dabei zunächst mit 1/2 angenommen – entsprechend der Wahrscheinlichkeit, dass die Münze auf die schwarze Seite fällt.

Der Prozess geht jetzt fort und fort, und solange bei Ihren Würfen mindestens ein • fällt, ist das Glück auf Ihrer Seite. Wie viele Münzen können Sie nun bei einem solchen Spiel gewinnen? Oder besser gefragt: Mit welcher Wahrscheinlichkeit erhalten Sie einen bestimmten Betrag? Es wird sich zeigen, dass die Antwort auch hierfür ein *Potenzgesetz* ist.

Wir können uns davon überzeugen, indem wir alle denkbaren Reaktionsverläufe mitsamt den zugehörigen Wahrscheinlichkeiten aufschreiben. Die Reaktion ist mit einem • (dem ersten Zerfall) gestartet und Sie haben zwei neue Münzen erhalten, von denen jede auf die schwarze oder auf die weiße Seite fallen kann. Es gibt also 4 mögliche Reaktionsverläufe (s. Abb. 2.7).

Im nächsten Schritt würde dann an jeden erfolgreichen Wurf (jedes •) mit einer Wahrscheinlichkeit von 1/4 wieder eine der vier Kombinationen ○○, ○•, •○, •• angefügt usw. Abb. 2.8 zeigt einige Lawinen, dabei sind nur die angeführt, die im dritten Schritt zum Erliegen kommen.

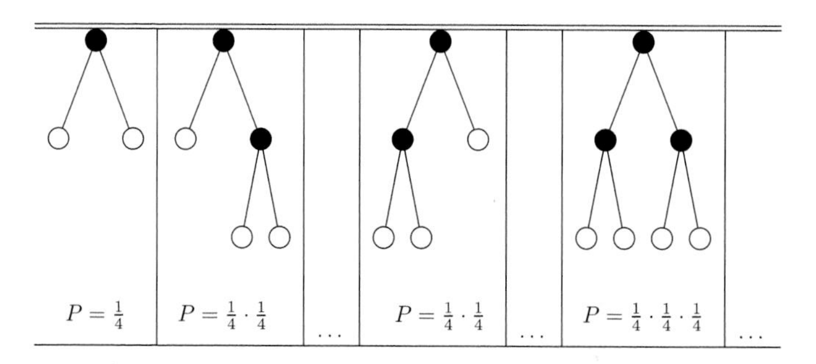

Abb. 2.8 Kettenreaktion im Münzspiel nach 3 Schritten: Nur nach dem Fallen einer schwarzen Seite darf das Spiel fortgesetzt werden. Die Wahrscheinlichkeit für den entstehenden Ablauf ergibt sich als Produkt der Wahrscheinlichkeiten im 2. und im 3. Schritt

Die Zahl der möglichen Lawinen steigt mit wachsender Lawinengröße L rasch an. Durch Addition der Wahrscheinlichkeiten aller denkbaren Verläufe einer gegebenen Länge erhält man die Wahrscheinlichkeitsverteilung der Lawinengrößen, s. Tab. 2.3. Lawinen der Länge 3 oder 4 kann man dabei noch auf einem Blatt Papier berechnen. Spätestens ab $L = 5$ ist aber ein Computer nicht zu verachten.

Man sieht, dass längere Lawinen natürlich weniger wahrscheinlich sind als kürzere, dass die angegebene Wahrscheinlichkeit aber mit wachsender Lawinengröße *immer langsamer* abnimmt.

Tab. 2.3 Wahrscheinlichkeitsverteilung von Lawinengrößen

Lawinengröße	Wahrscheinlichkeit einer Lawine dieser Größe
1	1/4
2	$1/4 \cdot 1/4 + 1/4 \cdot 1/4 = 1/8$
3	5/64
4	7/128
5	21/512
...	...

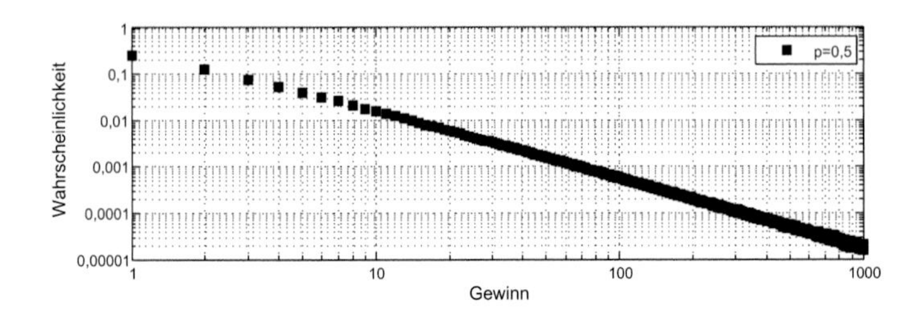

Abb. 2.9 Wahrscheinlichkeitsverteilung bei Kettenreaktion mit idealen Münzen. Der Gewinn entspricht der Lawinengröße aus Tab. 2.3

Dies ist auch aus der grafischen Darstellung ersichtlich, s. Abb. 2.9.

Abb. 2.9 zeigt die hier diskutierte Kettenreaktion mit $p=1/2$, d. h. jede der zwei in einem Schritt der Kette geworfenen Münzen erzeugt mit Wahrscheinlichkeit 1/2 ein •. *P(L)* bezeichnet die Wahrscheinlichkeit, eine Lawine der Länge *L* zu erhalten – bzw., in unserem Spiel, den Gewinn *L*. Die sich ergebende Verteilung ähnelt offenkundig der Erdbebenhäufigkeit: Nach einer gewissen Anlaufphase führt eine Verzehnfachung der Länge der Kette zu einer Verringerung ihrer Wahrscheinlichkeit etwa um den Faktor 30, und dies gilt für beliebig große Lawinen. Wir haben es also wieder mit einem Potenzgesetz zu tun: die Wahrscheinlichkeit eine Lawine der Größe L zu erzeugen, ist diesmal proportional zu $L^{-3/2}$!

> **Wichtig** Kettenreaktionen stellen ein Beispiel für korreliertes Verhalten dar: Das nächste Ereignis findet nur dann statt, wenn das jetzige ein bestimmtes Ergebnis gezeitigt hat. Bei bestimmten Parameterwerten treten dabei wieder Potenzgesetze als Anzeichen von komplexem Systemverhalten auf.

2.4 Was heißt denn hier kritisch?

Im vorigen Abschnitt haben wir gesehen, dass Kopplungen in einem System zu Potenzgesetzen führen können. Jetzt soll gezeigt werden, dass sich das System dabei gerade an einem

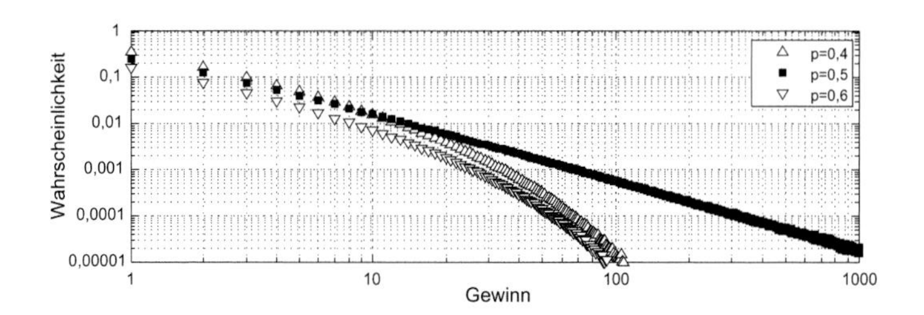

Abb. 2.10 Wahrscheinlichkeitsverteilungen von Kettenreaktionen für verschiedene Münzarten. p gibt die Wahrscheinlichkeit an, dass die schwarze Seite fällt

kritischen Punkt befindet. Das gilt sowohl für die Erdbeben als auch für unser Modellsystem der Kettenreaktion. Illustrieren wollen wir das wieder mit Hilfe der Münzen – ich hoffe, Sie haben noch genug davon.

Bisher hatten wir angenommen, dass wir es mit idealen Münzen zu tun haben, bei denen beide Seiten im Mittel gleich oft fallen, bei denen also ○ und ● gleich wahrscheinlich sind. Was aber, wenn Sie einem Betrüger aufsitzen, der Ihnen Münzen gibt, bei denen ● ein kleines bisschen seltener fällt als ○? Und auch der umgekehrte Fall ist denkbar, dass – aus welchen Gründen auch immer – die schwarze Seite öfter kommt als die weiße. Das kann man natürlich nicht mehr so einfach mit einem Geldstück nachstellen. Eine Simulation im Computer hilft aber weiter. Die entsprechenden Kurven sind in Abb. 2.10 sowohl für eine kleinere ($p = 0{,}4$) als auch für eine größere Wahrscheinlichkeit, schwarz zu werfen ($p = 0{,}6$) dargestellt und mit dem Ergebnis des vorhergehenden Abschnitts ($p = 0{,}5$) verglichen.

Das sind nun in der Tat Ergebnisse, die sich drastisch von denen für $p = 1/2$ unterscheiden: Sobald die Münze nicht mehr ideal ist, sinkt die Wahrscheinlichkeit für Lawinen mittlerer Größe rapide ab. Für $p = 0{,}4$ wird das durch einen erhöhten Anteil kurzer Lawinen kompensiert: Reaktionen kommen schnell zum Erliegen und große Kettenreaktionen sind dann eher unwahrscheinlich. Dagegen sind für $p > 1/2$ Lawinen hoher Größe sehr wahrscheinlich – jede Reaktion pflanzt sich praktisch immer unbegrenzt fort. Die allermeisten Punkte liegen daher außerhalb der Abbildung, genau genommen außerhalb jeder

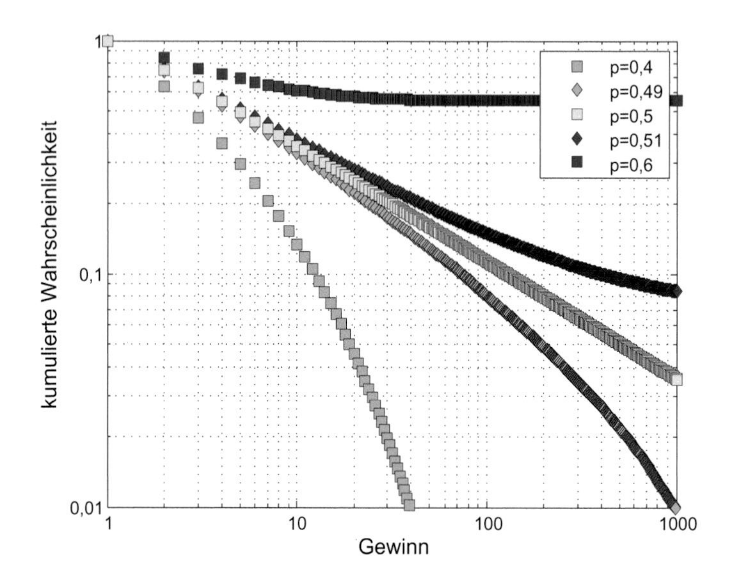

Abb. 2.11 kumulierte Wahrscheinlichkeitsverteilungen von Kettenreaktionen. Aufgetragen ist die Wahrscheinlichkeit, einen Gewinn gleich oder größer dem auf der Abszisse angegebenen Wert zu erzielen

Abbildung – es sei denn, man würde der Grafik noch einen „Punkt im Unendlichen" hinzufügen.

Um den Verlauf unseres Spiels besser ausdrücken zu können, zeichnet man deshalb gern die *kumulierte Wahrscheinlichkeit*. Sie gibt an, wie wahrscheinlich es ist, einen Gewinn, d. h. eine Lawine einer bestimmten Größe *oder größer* zu erhalten. Abb. 2.11 zeigt die entsprechenden Ergebnisse.

Neben der schon bekannten „Geraden" für $p = 1/2$ sind einige Verläufe für $p < 1/2$ und solche für $p > 1/2$ eingezeichnet. Bei $p = 1/2$ beobachten wir den Übergang zwischen zwei Verhaltensweisen, dem schnellen Erlöschen von Lawinen für $p < 1/2$ und dem explosionsartigen Anwachsen für $p > 1/2$. Der Punkt des Übergangs zwischen beiden wird deshalb *kritischer Punkt* genannt. Dieser Übergang zwischen Dämpfung und Explosion erfolgt dabei *schlagartig:* Schon kleinste Abweichungen vom kritischen Punkt lassen das System in die eine oder andere Verhaltensweise kippen. Die eingezeichneten Kurven für $p=0{,}49$ und $p=0{,}51$ zeigen dies. Der Grat, auf dem die Kerntechniker bei der kontrollierten Nutzung der Kernenergie wandeln, ist also schmal. Kap. 4 und Kap. 6 werden aber zeigen, dass es Mechanismen gibt, die Systeme immer wieder genau zu diesem Punkt hinführen.

Die bisherigen Ausführungen sollen zeigen, dass *„Kritikalität"* keineswegs nur negativ zu sehen ist: Gerade im kritischen Punkt zeigt das System nämlich die größtmögliche Vielfalt an Strukturen: Neben Kettenreaktionen mit geringer Länge treten solche mit mittlerer Länge auf – wie auch extrem lange. Sobald wir uns vom kritischen Punkt entfernen, sehen wir nur noch kurze Ketten (bei Überwiegen der weißen Seite) bzw. sehr kurze und unendlich lange (bei Überwiegen der schwarzen Seite). Das System ist also genau am kritischen Punkt am reichhaltigsten, am vielfältigsten. Es zeigt damit einen grundlegenden Aspekt von Komplexität. Und genau dort, wo es am komplexesten ist, tritt das Potenzgesetz hervor!

Dass gerade $p=1/2$ der kritische Punkt sein muss, ist im Übrigen auch ohne viel Mathematik klar: Die Systementwicklung wird ja durch das Produkt aus der *Zahl* der Nachkommen und der *Vermehrungsrate* eines jeden Nachkommen bestimmt. Ist dieses größer als eins, werden von Generation zu Generation mehr Nachkommen überleben, seien es Kinder, Münzen oder Atomkerne – das System „explodiert". Ist es kleiner als eins, nimmt die Zahl der Kinder tendenziell ab, jede Lawine wird schnell gedämpft, die Dynastie stirbt aus. Nur wenn sich das System im Mittel genau auf der Grenze zwischen Explosion und Dämpfung befindet, ist eine unendlich lang anhaltende, aber trotzdem kontrollierte Entwicklung möglich, und nur dann können sich reichhaltige Strukturen ausprägen, wie sie für komplexe Systeme charakteristisch sind.

Das Bestreben einer Dynastie, ihr Fortbestehen möglichst lange zu sichern, gibt uns auch einen ersten Hinweis, wie Systeme zum kritischen Punkt *streben* können. Für den Erhalt der Dynastie ist offenbar eine „optimale" Zahl von Nachkommen wichtig. Ohne viel Kenntnis der Systemtheorie war es daher schon vor Jahrhunderten jedem König klar: Es muss ein

Thronfolger her, möglichst ein männlicher. Dazu wurden keine Mittel und Wege, sprich Königinnen, gescheut. Und auch „überzählige" Nachkommen waren kein Problem – oft genug machten sie sich gegenseitig den Garaus.

Nun ist klar, hier ist es der Mensch, der das Systemverhalten steuert. Und nicht einfach der Mensch, sondern der *Herrscher* – und Herrscher glauben ja bekanntlich, besonders gut steuern zu können. Gibt es aber vielleicht auch Mechanismen des Strebens zum kritischen Punkt, die kein bewusstes Eingreifen erfordern? Die das System also von selbst zu ihm führen? Die Antwort ist „ja", die folgenden Kapitel sind ihr gewidmet.

Kommen wir aber auf unser Spiel. zurück. Stellen Sie sich vor, ich übernehme die Bank und Sie werfen die Münze. Für jeden Gewinnpunkt erhalten Sie von mir einen Euro. Und Sie dürfen vor Spielbeginn entscheiden, mit welcher Wahrscheinlichkeit „schwarz" fallen soll. *Aber:* Sie bekommen das Geld immer erst dann ausgezahlt, wenn eine Lawine zum Erliegen gekommen ist. Bei kleinem p erhalten Sie relativ *schnell ein bisschen* Geld, bei größerem p *viel* Geld, aber erst nach sehr langer Zeit. Und bei sehr großem p *sehr viel* Geld, aber erst nach unendlicher Zeit – was bekanntlich so gut wie „nie" ist. Wie würden Sie wählen? … Richtig: Das Optimum liegt knapp unterhalb der kritischen Wahrscheinlichkeit $p=0{,}5$, s. Tab. 2.4.

Wie knapp, das hängt von Ihnen ab: Wenn Sie wenig Ressourcen haben und den Gewinn schnell brauchen, dann sollten Sie $p=0{,}4$ oder gar $p=0{,}3$ wählen. Wenn Sie aber auch so genug zum Leben haben und unser Spiel Ihnen nur ein hübsches Extraeinkommen bringen soll, dann können Sie getrost $p=0{,}4999\ldots$ wählen und sehr viel Geld gewinnen, wenn auch nach recht langer Zeit. Nicht umsonst heißt es, „wer da hat, dem wird gegeben" (Matthäus 25,29)! Nahe am kritischen Punkt zu sein, ist offenbar ziemlich attraktiv: Wenn Sie viel Geld gewinnen wollen, müssen Sie möglichst dicht an diesem „Umschlagpunkt" dran sein. Die letzte Spalte von Tab. 2.4 zeigt aber, dass bei Annäherung an den kritischen Punkt auch die Streuung, d. h. die Unbestimmtheit, mit der Sie den erwarteten Gewinn einstreichen können, steigt. Es kann an einem Abend sehr gut für Sie laufen, und dann viele Tage gar nicht. Mit der Nähe zum kritischen Punkt steigt auch das Risiko. Und Tab. 2.4 zeigt: Es steigt wesentlich

Tab. 2.4 Gewinnchancen und Risiken (Streuungen) beim Kettenreaktionsspiel

Wahrscheinlichkeit *p*, dass „schwarz" fällt	Mittlerer Gewinn	Unbestimmtheit („Streuung") dieses Gewinns
0,1	1,25	0,59
0,2	1,67	1,22
0,3	2,50	2,56
0,4	5,00	7,75
0,42	6,25	10,9
0,44	8,33	16,8
0,45	10,0	22,1
0,46	12,5	31,3
0,47	16,7	48,3
0,48	25,0	89,9
0,49	50,0	254
0,495	100	714
0,4975	200	2018
…	…	…
ab 0,5	unendlich	unendlich

schneller als der Mittelwert des Gewinns! Seien Sie also vorsichtig, sie wissen ja: „Allzu viel ist ungesund."

Wir haben in diesem Kapitel zwei Beobachtungen gemacht, die als Thesen für die folgenden Darlegungen dienen werden:

Wichtig

a. In komplexen Systemen tritt eine neue Klasse von Wahrscheinlichkeitsverteilungen auf – die *Potenzgesetze*. Der Mechanismus der Entstehung eines solchen Potenzgesetzes war in unserem Beispiel die Kettenreaktion. Sie realisierte eine wesentliche Voraussetzung für Komplexität, nämlich das korrelierte Verhalten der Elemente.

Wir werden diesen Mechanismus auch in anderen Systemen wiedererkennen, und wir werden weitere Mechanismen finden, die zu korreliertem, und somit komplexem, Verhalten führen. Dabei werden Potenzgesetze als *das* Erkennungsmerkmal für Komplexität dienen.

b. Es existieren *kritische Punkte,* an denen das Verhalten des Systems von einem Muster in ein anderes umschlägt. In unserem Münzspiel war dies die Wahrscheinlichkeit $p = 1/2$ des Auftretens einer bestimmten Seite beim Werfen einer Münze. Bei der Kernspaltung ist es das Verhältnis aus der Zahl der bei einer Spaltung freigesetzten Neutronen und der Zahl der in der nächsten Generation gespaltenen Kerne.
c. An diesen kritischen Punkten ist das Verhalten des Systems am vielfältigsten. Es bilden sich Strukturen auf allen Größenskalen aus. Der Anteil der verschiedenen Skalen folgt dabei einem Potenzgesetz.
d. Nahe am kritischen Punkt ist das Systemverhalten *optimal:* Im betrachteten Spiel erzielen Sie den größten Gewinn, wenn Sie Ihr Verhalten so einrichten, dass Sie zwar „auf der sicheren Seite" sind, aber doch möglichst nahe am kritischen Punkt.

Literatur

1. D Kehlmann: Die Vermessung der Welt. Rowohlt Taschenbuch, 2008
2. Statistik des Sozio-oekonomischen Panels (SOEP) 2006, nach http://de.statista.com/statistik/daten/studie/1825/umfrage/koerpergroesse-nach-geschlecht
3. U.S. Geological Survey, https:\\www.usgs.gov/natural-hazards/earthquake-hazards/lists-maps-and-statisticsBundesanstalt für GeowissenschaftenundRohstoffe,https://www.bgr.bund.de/DE/Themen/Erdbeben-Gefaehrdungsanalysen/Seismologie/Seismologie/Erdbebenstatistik/erdbebenstatistik_node.html
4. H Krieger: Grundlagen der Strahlungsphysik und des Strahlenschutzes. Springer Spektrum, 2019

3 Wider den Einheitsbrei: Komplexität und strukturelle Vielfalt

Zusammenfassung

Komplexe Systeme weisen Strukturen auf, die sich über viele Größenordnungen erstrecken. Wir beschäftigen uns in diesem Kapitel mit der Beschreibung derartiger Strukturen. Dabei spielt der *Logarithmus* eine zentrale Rolle. Wir untersuchen die Gesetze menschlicher Wahrnehmung und führen weitere Beispiele von Systemen an, deren Verhalten Potenzgesetzen unterliegt.

3.1 Von kleinen und großen Zahlen: Strukturen auf allen Skalen

Wir sind umgeben von großen und kleinen Zahlen. Das Alter des Universums beläuft sich auf 13 Mrd. = 13.000.000.000 Jahre, die Schulden der USA betragen 28 Billionen = 28.000.000.000.000 Dollar, der jährliche Primärenergieverbrauch der Menschheit erreicht mittlerweile 600 Trillionen = 600.000.000.000.000.000.000 J, die Zahl der Teilchen im beobachtbaren Teil des Universums beträgt ca. 10… (jetzt kommen insgesamt 85 Nullen) …0.

Solche Zahlen auszuschreiben ist recht mühsam, und auch die Einführung immer neuer Vorsilben wie Mega, Giga, Peta

F.-M. Dittes, *Komplexität,* Technik im Fokus,
https://doi.org/10.1007/978-3-662-63493-6_3

ist irgendwann nicht mehr sehr sinnvoll. Als passende Schreibweise hat sich daher die *Exponentialdarstellung* etabliert, in der 10 als 10^1 geschrieben wird, $100 = 10 \cdot 10$ als 10^2, $1000 = 10 \cdot 10 \cdot 10$ als 10^3 usw. Damit wird das Alter des Weltalls zu $13 \cdot 10^9$ Jahren, der Energieverbrauch zu $6 \cdot 10^{20}$ J, und wir können endlich die Zahl der Teilchen im Universum aufschreiben: 10^{85}!

Die hochgestellte Zahl wird als Exponent bezeichnet und wir sprechen von 10^1, 10^2, 10^3 usw. als den *Potenzen* von 10. Die „10" selbst wird *Basis* genannt. Die muss nicht immer 10 sein, die Informatiker nehmen z. B. gern die Zahl 2 als Basis und drücken alles in 2er-Potenzen aus: $2 = 2^1$, $4 = 2^2$, $8 = 2^3$, …, $1024 = 2^{10}$, … Die Mathematiker arbeiten gern mit $e = 2{,}718281828\ldots$, auch Eulersche Zahl genannt – nach dem Schweizer Mathematiker Leonhard Euler (1707–1783), der auf dem 10-Franken-Schein verewigt ist, aber genug von dem leidigen Geld.

Warum das allerdings „Potenz" heißt und was es mit anderen Bedeutungen dieses Begriffs zu tun hat, ist leicht erklärt: Die Mathematiker sind ja ein eigentümliches Völkchen und sie benutzen gern Begriffe aus unserer Alltagssprache, auch wenn das mathematische Objekt letztlich reichlich wenig damit zu tun hat. Beispiele dafür sind Raum, Gruppe, Ring – ja schon der einfache Bruch, mit dem sich manch einer so schwertut. Und so wurde auch aus der Potenz, die wir gewöhnlich in anderem Zusammenhang verwenden, der mathematische Begriff für das mehrfach hintereinander ausgeführte Multiplizieren – ein Schelm, wer Arges dabei denkt!

Potenzen erlauben also die Darstellung sehr *großer* Zahlen. Und man kann mit ihnen beliebig *kleine* Sachen schreiben: Wenn man nämlich die Reihe …, $100 = 10^2$, $10 = 10^1$ „nach unten" fortsetzt, erhält man $1 = 10^0$, $0{,}1 = 10^{-1}$, $0{,}01 = 10^{-2}$, … Ein Cent sind also 10^{-2} € – das würde man vielleicht auch anders ausdrücken können. Aber dass ein Nanometer, also ein Milliardstel Meter, 10^{-9} m sind, liest sich einfach besser als 0,000000001 m. Und dass ein Atomkern einen Durchmesser von 0,00000000000001 m hat, kann man sinnvoller Weise nur noch als 10^{-15} m schreiben. Oder hätten Sie bemerkt, wenn ich eine Null vergessen hätte?

Die uns umgebende Welt enthält also Strukturen, deren Größe sich über viele Zehnerpotenzen erstreckt, wir reden auch von Skalen.

▶ **Definition** Skala: hier so viel wie Größenordnung.
Größenordnung: Zehnerpotenz einer Zahl.

Um nun sehr große Unterschiede in der Stärke von Ereignissen wahrnehmen und verarbeiten zu können, hat sich die Natur einen Trick einfallen lassen – die Mathematiker haben ihn begierig aufgegriffen: Es ist das *Logarithmieren.* Logarithmen erlauben den kompakten Überblick über große Zahlenbereiche, indem sie die *Größe* eines Ereignisses auf dessen *Größenordnung,* auf den Exponenten, zurückführen. Der Logarithmus zählt also, wie viele Nullen eine Zahl hat. Das gilt natürlich nur für Zahlen, die auf Nullen enden! So ist der Logarithmus von 10 eben eins, der von 100 zwei usw. Generell ist der Logarithmus von 10^x eben gerade x: $\log(10^x) = x$. Und natürlich kann ich auch Zahlen „dazwischen" logarithmieren, der Logarithmus von 50 ist irgendetwas zwischen 1 und 2. Sie finden den konkreten Wert auf jedem Taschenrechner oder auf dem inzwischen leider so gut wie „ausgestorbenen" Rechenschieber, der ja nicht ohne Grund in manchen Sprachen „logarithmisches Lineal" genannt wurde, s. Abb. 3.1.

Das Funktionsprinzip des Rechenschiebers beruht darauf, dass der Logarithmus des Produkts zweier Zahlen gleich der *Summe* der individuellen Logarithmen ist:

$$\log(a \cdot b) = \log(a) + \log(b)$$

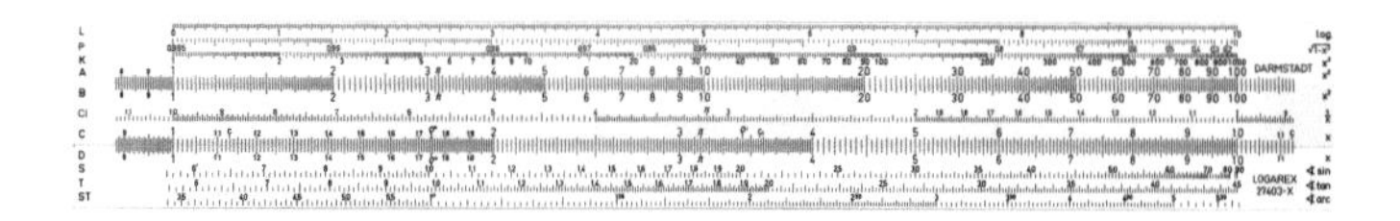

Abb. 3.1 Rechenschieber. Durch die logarithmische Stauchung der Skalen wird die Multiplikation zweier Zahlen auf die Addition ihrer Logarithmen zurückgeführt. (Foto: Oldsoft, https://commons.wikimedia.org/wiki/File:Logaritmicke_pravitko.jpg)

Zur Illustration dieser Beziehung kann man die ganzzahligen Potenzen bemühen. So ist log(1000), also 3, gleich log(10) = 1 plus log(100) = 2.

Ein wichtiger Spezialfall der angegebenen Formel entsteht, wenn b = a ist, sodass $\log(a^2) = 2 \cdot \log(a)$ und generell für beliebige Exponenten *n*

$$\log\left(a^n\right) = n \cdot \log(a) \text{ und } \log\left(\frac{1}{a^n}\right) = \log\left(a^{-n}\right) = -n \cdot \log(a)$$

gilt. Damit erklärt sich endlich auch, wieso die Häufigkeitsverteilung der Erdbeben in der doppeltlogarithmischen Darstellung von Abb. 2.5 eine *Gerade* ergibt: Wenn zwei Größen nach einem Potenzgesetz zusammenhängen: $y = 1/x^n$, dann ist $\log(y) = -n \cdot \log(x)$, und das ist nichts anderes als die Gleichung einer abfallenden Geraden mit der Neigung *n*.

Der Logarithmus kann zu verschiedenen Basen genommen werden, die durch einen Index am Zeichen log markiert werden. So müsste man genau genommen schreiben $\log_{10}(1000) = 3$ und $\log_2(16) = 4$. Die Werte des Logarithmus zu verschiedenen Basen unterscheiden sich dabei glücklicher Weise nur um einen Faktor voneinander, der unabhängig von der logarithmierten Zahl ist.

Ein typisches Beispiel einer logarithmischen Darstellung ist die *Notenschrift* mit ihrer 5-linigen Grundform.

Im Violinschlüssel befindet sich das eingestrichene c dabei auf der ersten Hilfslinie unterhalb der Grundlinie, das zweigestrichene c im 3. Zwischenraum, das dreigestrichene schon auf der 2. Hilfslinie oberhalb, s. Abb. 3.2. Alle Linien und Hilfslinien haben dabei den gleichen Abstand voneinander, obwohl die *Tonhöhen,* d. h. die *Frequenzen*, durch immer größere Abstände getrennt sind, s. Tab. 3.1!

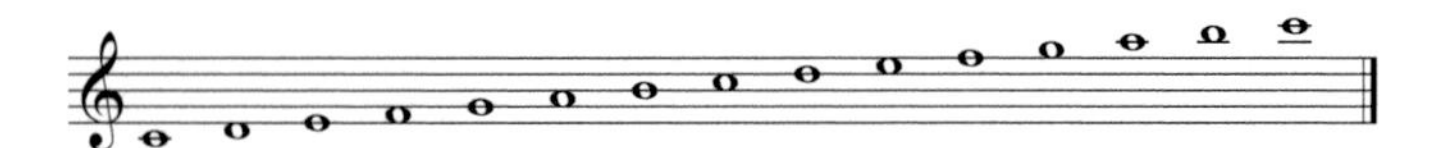

Abb. 3.2 C-Dur-Tonleiter. Jeder Halbton ist um den Faktor $2^{1/12} = 1{,}059463\ldots$ höher als der vorhergehende

Tab. 3.1 Tonhöhen

Bezeichnung	Abkürzung	Tonhöhe [Hertz]
Kontra-C	,C	32,70
Großes C	C	65,41
Kleines C	c	130,8
Eingestrichenes c	c'	261,6
Kammerton a	a'	440,0
Zweigestrichenes c	c''	523,3
…		

▶ **Definition** Frequenz: Anzahl Schwingungen pro Sekunde. Als Maßeinheit wird das nach dem von 1857 bis 1894 lebenden deutschen Physiker benannte Hertz, abgekürzt Hz, verwendet.

Die Lage einer Note auf dem Notenblatt gibt also nicht unmittelbar die zugehörige Frequenz an, sondern deren Logarithmus zur Basis 2, da die Veränderung des Tons um eine Oktave nach oben oder unten eine Verdopplung bzw. Halbierung der Frequenz bedeutet.

Und natürlich ist es nicht nur die Noten*schrift*, die sich des Logarithmus bedient. Es sind auch alle Instrumente, deren Tasten, Saiten usw. entsprechend angeordnet sind. Nicht auszudenken, wie ein Klavier aussehen würde, bei dem der Abstand zweier Tasten proportional zur Differenz der zugehörigen Frequenzen wäre. Bei tiefen Tönen mag das noch angehen, aber das 5-gestrichene c mit seinen 4186 Hz müsste dann doppelt so weit entfernt vom viergestrichenen sein wie dieses vom dreigestrichenen. Und selbst das wäre bereits kaum erreichbar, denn die Verdoppelung der Abstände müsste schon bei der tiefsten Oktave beginnen. Der arme Pianist!

Natürlich gibt es nicht nur c und a. In der heute gebräuchlichen gleichstufigen Stimmung mit 12 Halbtonschritten pro Oktave ist jeder Halbton um den Faktor $2^{1/12} = 1{,}059463\ldots$ höher als der vorhergehende – eine perfekte logarithmische Skala!

Was Noten machen, können *Banknoten* schon lange! Auch unsere Münzen und Geldscheine benutzen eine logarithmische Einteilung, um die Spanne von 1 Cent bis zu Hunderten von Euro möglichst gleichmäßig zu überbrücken. Die nächste Münze, der nächste Schein kommt immer beim doppelten Betrag. Einziger „Schönheitsfehler“: das damit einhergehende Zweiersystem muss mit dem uns vertrauteren Zehnersystem immer wieder in Einklang gebracht werden. Es gibt 1-Cent-Münzen, dann das Doppelte: 2 Cent, dann das 2,5-fache: 5 Cent, dann wieder das Doppelte: 10, dann 20, 50 Cent, dann 1 €, 2, 5, 10, 20, 50 100, 200, 500. Was wir hier sehen, sind (fast) die Glieder einer Potenzreihe. Sauber wäre 1, 2, 4, 8, … aber da wir an ein Zehnersystem gewöhnt sind, ist diese Folge ein bisschen „deformiert“ worden, um nach dem dritten Schritt bei 10 statt bei 8 zu landen. Eine echte Potenzreihe, und damit eine echte logarithmische Teilung, die nach 3 Schritten das Zehnfache ergibt, wäre 1, $10^{1/3} = 2{,}15443469\ldots$, $10^{2/3} = 4{,}64158883\ldots, 10^{3/3} = 10$ usw. Aber es bezahlt sich so schlecht mit einem 2,15- oder 4,64-Euro-Schein. Das „Runden“ auf 2 bzw. 5 war also der beste Kompromiss, um den großen Wertebereich am „harmonischsten“ zu überdecken.

Es gibt viele weitere logarithmische Skalen. Beispiele sind:

- Skalen an technischen Geräten. Die digitale Lautstärkeregelung an Verstärkern und Audiogeräten ist normalerweise logarithmisch: Die nächste Einstellung ergibt immer eine Vervielfachung der vorhergehenden Lautstärke. Eine Verdopplung oder gar Verzehnfachung wäre hier natürlich ziemlich grob, üblich ist eine Erhöhung um 5–10 %, also eine Ver-1,05- bis Ver-1,1-fachung.
- die Klassifizierung von Sternen nach ihrer Helligkeit. Die Erhöhung um *eine* Klasse entspricht dabei einer Reduzierung der Helligkeit um den Faktor 2,5.
- und natürlich die in Abschn. 2.2 zitierte Richterskala der Erdbeben-Energien. Mit unseren jetzigen Ausdrucksmitteln können wir sagen: Die Richterskala ist eine logarithmische Skala zur Basis 32.

Warum diese Abschweifung zum Logarithmus? Weil die Beispiele aus Kap. 2 bereits gezeigt haben, dass die Strukturen in komplexen Systemen *viele Größenordnungen* überstreichen. Der Logarithmus ist die Darstellungsweise, die große Unterschiede am besten abbilden kann. Das ist der Grund, warum wir uns auch in den Abbildungen von Kap. 2 bereits des Logarithmus bedient haben. Um die Anzahl von Erdbeben ganz verschiedener Stärke und ganz verschiedener Häufigkeiten in *einer* Darstellung zeigen zu können, ist in Abb. 2.5 die y-Achse logarithmisch gestaucht. Und auch die Einteilung auf der x-Achse ist in Wahrheit eine logarithmische, da von einem Wert auf der Richterskala zum nächsten jeweils ein *Faktor* 32 in der Energie des Bebens dazukommt. Wir haben es also mit einer *doppeltlogarithmischen* Darstellung zu tun. Sie wird sich im Folgenden als *die* geeignete Form der Darstellung des Verhaltens komplexer Systeme herausstellen.

3.2 Da vergeht einem Hören und Sehen: potenzierte Wahrnehmung und ihre Grenzen

Auch unsere Sinne werden vom Logarithmus nicht verschont. Beginnen wir mit dem Ohr: Die Stärke akustischer Reize wird gewöhnlich in Dezibel angegeben, eine ungefähre Vorstellung von typischen Werten gibt Tab. 3.2 [1].

Obwohl die Dezibelwerte lediglich einen Bereich von 0 bis 190 überstreichen, überbrücken sie dabei doch riesige Unterschiede in den wirkenden Energien, wie auch in der subjektiven Wahrnehmung des Schalls. Ermöglicht wird dies wieder durch die Anwendung einer logarithmischen Skala! Diese orientiert sich an den Möglichkeiten des menschlichen Ohrs und geht von der *Schallstärke* aus, definiert als

$$\text{Schallstärke} = \frac{\text{Leistung}}{\text{beschallte Fläche}}$$

Gemessen wird die Schallstärke in Watt pro Quadratmeter, abgekürzt W/m^2. Das normale menschliche Ohr kann Schallstärken

Tab. 3.2 Dezibelwerte verschiedener Geräusche

dB	Typisches Beispiel
0	Hörschwelle
10	Blätterrauschen in der Ferne
20	Ruhegeräusch im TV-Studio
30	Ruhiges Schlafzimmer bei Nacht
40	Ruhige Bücherei
50	Normale Wohnung, ruhige Ecke
60	Normale Sprache in 1 m Abstand
70	Staubsauger in 1 m Entfernung
80	Starker Straßenverkehrslärm in 5 m Entfernung
90	Dieselmotor in 10 m Entfernung
100	Disko, 1 m vor dem Lautsprecher
110	Kettensäge in 1 m Entfernung
120	Trillerpfeife aus 1 m Entfernung
130	Sirene in 20 m Entfernung, Schmerzgrenze
140	Düsenflugzeug in 30 m Entfernung
150	Hammerschlag in einer Schmiede aus 5 m Entfernung
160	Knall bei Airbag-Entfaltung in 30 cm Entfernung
170	Ohrfeige aufs Ohr
180	Knall einer Kinderspielzeugpistole in Ohrnähe
190	Schwere Waffen in 10 m Entfernung

ab 10^{-12} W/m^2, der „Hörschwelle", wahrnehmen. Bei Stärken von ca. 10 W/m^2 wird die Schmerzgrenze erreicht. Die Hörschwelle ist dabei nicht etwa willkürlich festgelegt, sondern liegt knapp über der Stärke des Rauschens, das durch die thermische Bewegung der Luftmoleküle verursacht wird. Ich erinnere mich, im Alter von 12–14 Jahren dieses Rauschen als leisen Pfeifton vernommen und schon einen Arzt kontaktiert zu haben; zum Glück gab es sich dann wieder – zumindest bis jetzt.

Um eine logarithmische Skala zu erhalten, wurde der Hörschwelle der Wert 0 dB zugeordnet, und jeder Verzehnfachung der Schallstärke 10 Dezibel mehr. 10 Dezibel entsprechen also einer Schallstärke von 10^{-11} W/m^2, 20 Dezibel – 10^{-10} W/m^2 usw. bis zur Schmerzgrenze bei 130 Dezibel – und bei Bedarf darüber hinaus. Der Dezibelwert ergibt sich also als

$$10 \cdot \log \frac{\text{Schallstärke}}{\text{Hörschwelle}}$$

Warum ist diese logarithmische Skalierung der Schallstärke sinnvoll? Offenbar müssen zwei Ursachen unterschieden werden:

- eine *objektive:* Es *gibt* in der „Welt", in Natur und Technik, Schallstärken sehr verschiedener Größenordnungen, von einem Billionstel Watt pro Quadratmeter (und sicher noch darunter, aber das ist für uns nicht hörbar), bis zu Watt, ja Kilo- und Megawatt pro Quadratmeter. Bei Letzteren schaltet unser Ohr im besten Fall ab, im schlimmsten wird es geschädigt. Die höchste unter normalen Umweltverhältnissen erreichbare Schallstärke liegt übrigens bei 25 Megawatt pro Quadratmeter, entsprechend 194 Dezibel, dabei baut die Schallwelle in ihrem Minimum den gesamten atmosphärischen Luftdruck ab, und im Maximum den doppelten auf. Die logarithmische Dezibel-Skala erlaubt eine Vereinfachung der Sprechweise. Statt: „Waren das auf der Disko nicht 1000 Milliwatt pro Quadratmeter?" können wir nun sagen: „Ey, det war'n doch jestern glatt 120 Dezi, Alter." Worauf als Erwiderung meist ein einfaches „Watt?" genügt.
- eine *subjektive:* Um die riesigen Unterschiede der Schallstärke in der menschlichen Umwelt verarbeiten zu können, bedient sich unsere Wahrnehmung eines Tricks: Wir nehmen eine Verzehnfachung der Schallstärke nicht als 10-mal lauter wahr, sondern über weite Strecken der dB-Skala als gerade mal *doppelt* so laut. Und das heißt, eine weitere Verzehnfachung wird nicht als $10 \cdot 10 = 100$-mal so laut empfunden, sondern lediglich als $2 \cdot 2 = 4$-mal so laut, eine 1000-fach erhöhte Schallstärke als 8-mal so laut usw. Der Zusammenhang

zwischen Schallstärke S und gefühlter Lautheit L_S stellt also ebenfalls ein Potenzgesetz dar:

$$L_S \propto S^{0,3010}$$

Der Exponent 0,3010 setzt genau den erforderlichen Zusammenhang zwischen Lautheit und Schallstärke um: Wenn sich S um den Faktor 10 erhöht, ändert sich L_S um $10^{0,3010} = 2$.

Unsere Wahrnehmung ist also ebenfalls logarithmisch! Als Maß der Lautheit wird das *Sone* genommen. 1 Sone entspricht dem Schallstärkepegel von 40 dB und für größere oder kleinere Werte wird das beschriebene Gesetz der Verdoppelung bzw. Halbierung alle 10 dB angewendet. Der Zusammenhang zwischen dB-Wert, Schallstärke und Lautheit ist in Abb. 3.3 grafisch dargestellt. Dabei sind an der unteren und der linken Achse die wahren Werte von Schallstärke und Lautheit aufgetragen, auf der oberen Achse die dB-Werte, d. h. der Logarithmus der Schallstärke, und rechts der Logarithmus

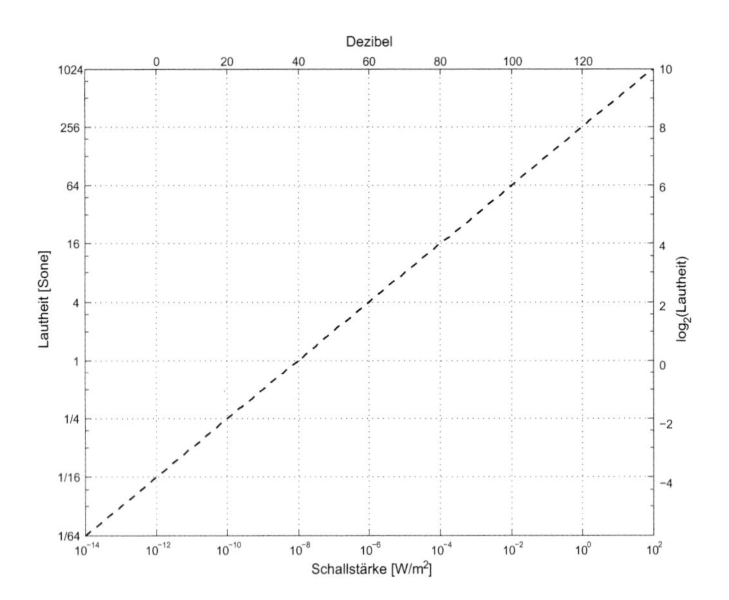

Abb. 3.3 Zusammenhang zwischen der Schallstärke, dem zugehörigen Dezibel-Wert und der gefühlten Lautheit

der Lautheit. Man sieht, dass der Zusammenhang der beiden Logarithmen eine Gerade darstellt, dass sie einander also proportional sind.

> **Wichtig** Die doppelt-logarithmische Darstellung lässt ein Potenzgesetz als Gerade erscheinen und führt damit zu einer vereinfachten Beschreibung komplexer Systeme. Man kann es auch anders ausdrücken: Das Potenzgesetz bildet den denkbar einfachsten Zusammenhang zwischen zwei logarithmischen Skalen: Eine gerade Linie inmitten all der Komplexität!

Die Maßeinheit Sone wurde vom US-amerikanischen Psychologen Stanley S. Stevens (1906–1973) eingeführt. Stevens hat sich gern als Psychophysiker bezeichnet und die Wahrnehmung nicht nur des Gehörs, sondern vieler Sinnesorgane mit ihren vielfältigen Sinneseindrücken untersucht. Dabei stellte er fest, dass potenzartige Zusammenhänge zwischen den äußeren Reizen und unserer Wahrnehmung nicht nur für das Gehör gelten. Er untersuchte dazu den Zusammenhang zwischen Reizintensität R und Empfindungsgröße E und fand den ihm zu Ehren als *Stevenssches Potenzgesetz* bezeichneten Zusammenhang:

$$E \propto (R - R_0)^n$$

Dabei steht R_0 für die Intensität einer Reiz*schwelle*, z. B. der Hörschwelle, und der Exponent n hängt von der Art des Reizes sowie von Besonderheiten der Reizung ab, s. Tab. 3.3 [2].

Unser Körper reagiert also auf die meisten Umwelteinflüsse *nichtlinear:* Durch einen Exponenten größer als 1 wird eine verstärkte *Differenzierung* ermöglicht: Eine Verdoppelung der Intensität eines Lichtblitzes bewirkt eine $2^5 = 32$-fach stärkere Wahrnehmung. Und das ist gut so, denn Lichtblitze signalisieren etwas Besonderes, möglicherweise Gefahr! Auf der anderen Seite gibt es Reize, die *gedämpft* verarbeitet werden, d. h. mit einem Exponenten <1. Das sind genau jene Reize, deren

Tab. 3.3 Stevenssche Potenzgesetze

Art des Reizes	Exponent n	Konkrete Umsetzung
Elektrische Schocks	3,5	60 Hz durch Finger
Schwere von Gewichten	1,45	
Temperatur	1,0	Kälte am Arm
	1,6	Wärme am Arm
	0,7	Wärme durch Ganzkörper-bestrahlung
Vibration	0,95	60 Hz am Finger
	0,6	250 Hz am Finger
Geschmack	0,8	Sacharin
	1,3	Zucker
	1,4	Salz
Helligkeit	0,33	Flächiger Dauerreiz bei dunkeladaptiertem Auge
	0,5	Punktförmiger Dauerreiz
	5	Lichtblitz
Druck	1,1	Auf die Handfläche
Viskosität	0,42	Rühren von Silikon-Flüssigkeiten

Intensität große Bereiche überstreicht. Sie müssen verarbeitet werden können, ohne unsere Wahrnehmung zu überfordern.

Natürlich gibt es Abweichungen vom Stevensschen Potenzgesetz. Insbesondere sind alle angegebenen Werte als Orientierungsgrößen zu verstehen, die im Einzelnen von weiteren Einflussfaktoren abhängen. So ist das Hörempfinden stark frequenzabhängig. Die Lichtempfindlichkeit des Auges ist bei kleinen Beleuchtungen überproportional hoch. Auch das Zeitverhalten des Reizes spielt eine Rolle: Dauerreize dämpfen wir ab, einen Licht *blitz* nehmen wir dagegen überproportional stark wahr, der entsprechende Stevens-Exponent erreicht $n = 5$!

Die *typische Abhängigkeit* unserer Wahrnehmungsprozesse unterliegt also ebenfalls Potenzgesetzen!

Die Kenntnis dieser Zusammenhänge hat zahlreiche Folgen für technische Implementierungen, von denen hier nur zwei herausgegriffen werden sollen:

1. *Reizänderungen,* z. B. Signale, müssen so deutlich sein, dass sie trotz der subjektiven Dämpfung wahrgenommen werden. Eine Schallstärkenänderung nehmen wir wahr, wenn der Unterschied zum vorhergehenden Reiz etwa 1 dB beträgt. Eine sinnvolle Lautstärkenregelung braucht also keine kleineren Abstufungen. Eine Klapperschlange nimmt Temperaturunterschiede von einem Tausendstel Grad wahr. Für uns darf's schon etwas mehr sein; die Regler an Heizkörpern müssen dies berücksichtigen.
2. In der Fotografie ist die *Schwärzungskurve* bekannt, die angibt, wie sich Fotomaterial in Abhängigkeit von der Belichtung schwärzt. Ein typischer Verlauf ist in Abb. 3.4 angegeben. Der Anstieg der Kurve im „linearen" Bereich

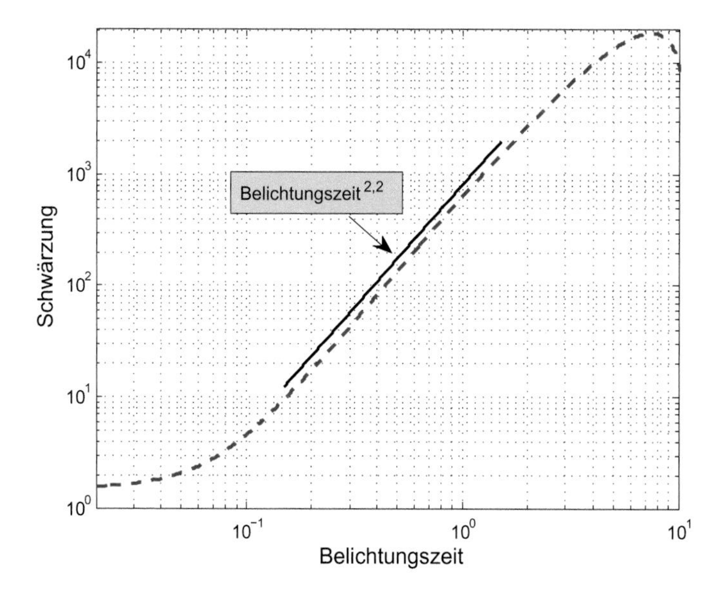

Abb. 3.4 Schwärzungskurve. Die Schwärzung des Fotomaterials hängt über einen weiten Bereich potenzartig von der Belichtungszeit ab

(wir haben es ja wieder mit einer doppelt-logarithmischen Darstellung zu tun) wird als *Gammakorrektur* bezeichnet. Diese orientiert sich an den Kehrwerten der in Tab. 3.3 angegebenen Exponenten von 0,33–0,5, und liegt zwischen 2 und 3; die Gerade in Abb. 3.4 gibt den Zusammenhang zwischen den dargestellten Größen an, wenn der Exponent genau 2,2 betragen würde. Die Gammakorrektur stellt sicher, dass die durch die Wahrnehmung des menschlichen Auges erzeugte Nichtlinearität diejenige des Fotopapiers gerade kompensiert und wir einen realistischen Eindruck der aufgenommenen Lichtverhältnisse erhalten. Gamma-Werte, die aus dem Bereich 2–3 herausragen, empfinden wir als zu hart, d. h. zu kontrastreich, bzw. als zu weich – in jedem Falle als unnatürlich. Sowohl das Abflachen bei kleinen Belichtungen (der sogenannte Schleier) als auch die Sättigung, und letztlich der Rückgang der Schwärzung bei sehr langen Belichtungszeiten sind auf chemische Prozesse im Filmmaterial zurückzuführen. Die potenzartige Wahrnehmung des menschlichen Auges muss auch bei der Bildwiedergabe über Computermonitore oder Fernsehbildschirme berücksichtigt werden. Typischerweise entspricht dabei die eingestellte „Verzerrung“ ebenfalls einem Gammawert von 2,2.

3.3 Potenzgesetze überall

Zusammenfassung
Im Folgenden wollen wir illustrieren, dass es Ereignisse verschiedener Größenordnungen nicht nur schlechthin *gibt,* sondern dass komplexe Systeme sie auch „ausreizen“, d. h. diese Größenordnungen soweit es geht „nutzen“. Es gibt in ihnen keine überwiegende, charakteristische Skala; die Häufigkeit von Ereignissen unterliegt stattdessen einem Potenzgesetz. Komplexe Systeme verwirklichen damit die größtmögliche Vielfalt an Strukturen.

Wir hatten im vorigen Kapitel gesehen, dass die Häufigkeit von Erdbeben – aufgetragen als Funktion der Stärke des Bebens – einem Potenzgesetz gehorcht. Dieses erscheint in der doppelt-logarithmischen Darstellung einfach als Gerade, s. Abb. 2.5. Auch für die Kettenreaktion erhielten wir ein solches Potenzgesetz, zumindest dann, wenn sich das System im kritischen Punkt befand, s. Abb. 2.9. Zu guter Letzt zeigte die menschliche Wahrnehmung zahlreiche Zusammenhänge, die sich wieder als Potenzgesetz darstellen lassen, vgl. Abschn. 3.2.

Sind das nun Ausnahmen? Oder ist es eher die Realisierung eines *typischen* Verhaltens von Systemen, und zwar gerade Ausdruck ihrer Komplexität?

Um diese Frage zu beantworten, führen wir zunächst weitere Beispiele an, die Potenzgesetze als *das* Kennzeichen komplexer Systeme *im kritischen Punkt* herausstellen. In den folgenden Kapiteln erörtern wir dann die *Mechanismen,* die zu diesen Gesetzen führen.

Betrachten wir als erstes Beispiel die *Einwohnerzahlen der 1000 größten Städte Deutschlands* s. Abb. 3.5. Um diese Grafik zu erhalten, muss man die Städte der Größe nach ordnen. Auf Platz 1 steht dabei Berlin mit 3.669.491 Einwohnern. Auf Platz 2 folgt Hamburg mit 1,8 Mio. usw., alle Zahlen beziehen sich

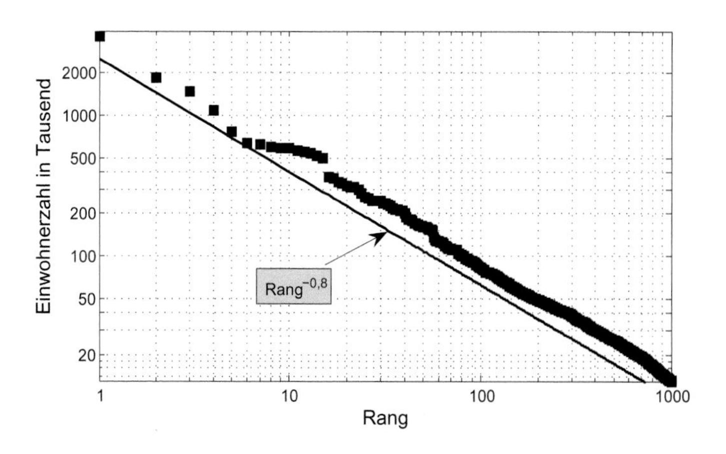

Abb. 3.5 Verteilung der Einwohnerzahlen deutscher Städte: Die Städte sind nach abnehmender Größe sortiert, die zugehörige Einwohnerzahl hängt potenzartig vom Platz in dieser Liste ab

auf den 31.12.2019 [3]. Die Einwohnerzahlen werden dann als Funktion der Platzziffer, des „Ranges", aufgetragen, natürlich doppelt-logarithmisch. In guter Näherung erhält man dabei wieder eine Gerade, diesmal mit einem Anstieg von $-0{,}8$. Das entsprechende Potenzgesetz lautet also

$$\text{Einwohnerzahl} \propto \text{Platzziffer}^{-0{,}8}$$

Interessanterweise gilt dieses Gesetz nicht nur für Städte in Deutschland, sondern z. B. auch in den USA. Es ist offenbar Ausdruck eines Prozesse des *Anlagerung,* die ja auch eine Form der Korrelation darstellt: dort wo sich Menschen angesiedelt haben, wo es einen wirtschaftlichen und sozialen Anziehungspunkt gibt, kommen neue Einwohner hinzu. Und dabei scheinen größere Ansiedlungen mehr Anziehungskraft aufzuweisen als kleinere. Andererseits gibt es offenbar nicht *die eine* Riesenstadt – auch die Kleinen haben also eine Wachstumschance. Das beobachtete Potenzgesetz scheint dabei auf so natürliche Weise zu entstehen, dass sogar die Abweichungen von ihm Informationen über Wachstumsprozesse liefern: Die leichten „Plateaus" gerade über den Marken 100-, 200- und – besonders ausgeprägt – 500-Tausend lassen vermuten, dass einige Städte hier an ihrer Entwicklung „gedreht" haben – sei es durch Eingemeindungen oder durch Umzugsprämien. Um Großstadt zu werden oder zu bleiben oder im Rahmen von Förderprogrammen besser abzuschneiden, kann man dem natürlichen Wachstum schon mal ein bisschen nachhelfen, scheint es – die Statistik bringt es an den Tag!

Gesetze der eben beschriebenen Art werden oft als *Zipfsche Gesetze* bezeichnet. Sie wurden vom US-amerikanischen Sprachwissenschaftler G. K. Zipf (1902–1950) ausführlich untersucht.

Herr Zipf hat natürlich auch die *Sprache* selbst studiert, unter anderem die Verteilung von Wörtern in einem Text. Und angeblich hat ihn das zuallererst auf die später nach ihm benannte Klasse von Gesetzen gebracht. Nehmen wir also einen beliebigen Text her. Er sollte schon eine ordentliche Länge haben. Wenn Sie es selbst ausprobieren möchten, nehmen Sie am besten eine aktuelle Tageszeitung. Legen Sie eine Tabelle an – sie wird ziemlich lang werden, tragen Sie das erste Wort ein und machen Sie einen Strich dahinter. Dann sehen Sie sich das nächste Wort an. Wenn es das gleiche ist wie das erste – was in deutschen Tageszeitungen aber sehr selten vorkommt, allenfalls als „Der, der du bist, bist du immer." – machen Sie einen zweiten Strich. Wenn es ein neues Wort ist, tragen Sie es in die Tabelle ein usw. usf. bis zum letzten Wort. Sie zählen also, wie oft ein Wort im ausgewählten Text vorkommt. Zum Schluss sortieren Sie noch die so erhaltene Liste – und zwar so, dass das häufigste Wort ganz oben steht, dann das zweithäufigste usw. Mühselig, nicht wahr? Zum Glück haben Herr Zipf und seine Nachfolger diese Arbeit schon für Sie gemacht.

Besonders vielfältige und umfangreiche Untersuchungen dazu sind in den vergangenen Jahren im Rahmen des Projekts „Deutscher Wortschatz" und der darauf aufbauenden „Leipzig Corpora Collection" der Universität Leipzig durchgeführt worden. Durch die Betrachtung von Millionen von Texten verschiedenster Art bestätigte sich dabei das Zipfsche Gesetz mit bemerkenswerter Exaktheit. Als Beispiel ist in Abb. 3.6 das Ergebnis der Auszählung einer Million zufällig ausgewählter Sätze aus Artikeln der deutschen Wikipedia 2018 angeführt [4].

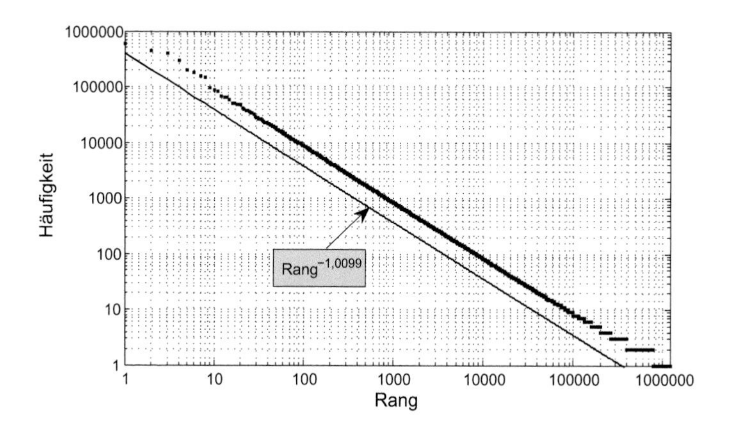

Abb. 3.6 Verteilung von Worthäufigkeiten. Sortiert man die in einem Text verwendeten Wörter nach ihrer Häufigkeit, ergibt sich wieder ein Potenzgesetz

Wieder ergibt sich eine Gerade, der Anstieg ist praktisch exakt gleich −1. Der entsprechende Zusammenhang lautet also

$$\text{Worthäufigkeit} \propto \text{Platzziffer}^{-1}$$

Wieder ein Potenzgesetz! Und noch dazu das denkbar einfachste: Die Häufigkeit eines Wortes ist umgekehrt proportional zu seiner Platzziffer. Herr Zipf hat es formuliert als: „Das Produkt aus der Häufigkeit eines Wortes und seiner Platzziffer hängt nicht vom gewählten Wort ab."

Unschwer erkennt man hier den Zusammenhang zur Komplexität unserer Sprache: Sprache diente ursprünglich dazu, die Umwelt abzubilden und sich in ihr zurechtzufinden. Die Erfassung komplexer Sachverhalte erforderte und erfordert also eine komplexe Sprache. Reale Sprachen erfüllen diese Anforderung. In einem gewissen Sinne sind sie sogar *maximal komplex* – Abweichungen von ihnen würden die Komplexität also verringern – jedenfalls was die Wort-Vielfalt betrifft. Stellen wir uns dazu für einen Moment eine Sprache vor, in der die Worthäufigkeit *langsamer* abfällt als in Abb. 3.6 gezeigt. Im Grenzfall würden in einer solchen Sprache alle Wörter gleich häufig vorkommen. Also das Wortungetüm „Donaudampfschiffgesellschaft" genauso oft wie das schöne Wörtchen „und". Undenkbar, unpraktisch, zum Aussterben verurteilt. Auf der anderen Seite könnten wir uns eine Sprache denken, in der die häufigsten Wörter dermaßen oft vorkommen, dass sie jeglichen Inhalt austreiben: „Das ist, eh, echt krass, eh, du." Ebenfalls nicht optimal – und sicher nicht sonderlich komplex!

Der Vergleich unserer realen Sprache mit den skizzierten „Alternativ-Sprachen" erinnert an die verschiedenen Kettenreaktionen aus Kap. 2: Sprachen mit übermäßig vielen langen Wörtern befinden sich im *überkritischen* Bereich. Solche, die nur wenige Wörter enthalten, im *unterkritischen.* Die reale Sprache sollte zwischen beiden Extremen liegen. Und da sie das o. g. Potenzgesetz verwirklicht, liegt sie *auf der kritischen Linie.* Wie die Diskussion in Abschn. 2.4 gezeigt hat, weist sie damit die größtmögliche Vielfalt an Strukturen auf und ist somit in der Lage, die größtmögliche Vielfalt an Strukturen der Umwelt abzubilden. Mehr Komplexität geht nicht!

Und auch die Rolle der *Kopplung,* d. h. der *Korrelation* für das Entstehen von Komplexität wird an den Worthäufigkeiten deutlich: In einem Text steht jedes Wort in Zusammenhang mit anderen. Mehr noch – das, *was* gesagt werden soll, hat unmittelbaren Einfluss auf das *wie* – und damit letztlich auf das einzelne Wort.

Die Reihe ließe sich endlos fortsetzen – die Häufigkeitsverteilungen sehr vieler Systeme folgen Potenzgesetzen. Beispiele sind

- die Verteilung der Größe von Waldbränden [5],
- die Verteilung von Vermögen und Einkommen einer Gesellschaft (die sog. Pareto-Verteilung, s. [6]),
- die Struktur von Netzwerken (s. Kap. 7).

Wenn man die Welt einmal unter diesem Blickwinkel betrachtet hat, wird man überall Potenzgesetze finden. Probieren Sie es einmal! Sie brauchen dazu lediglich einen programmierbaren Taschenrechner. Oder noch einfacher ein Stück doppeltlogarithmisches Millimeterpapier, das ja leider aus unserem Alltag weitgehend verschwunden ist; im Anhang Abschn. 11.6 finden Sie ein solch seltenes Muster.

Sie werden leicht weitere Potenzgesetze entdecken. z. B. in der Verteilung der Größen der E-Mails in Ihrem Postfach, in den Nachfragestatistiken des ADAC, in der Anzahl der Bauwerke als Funktion der Höhe – ein eher ungewöhnliches Beispiel ist in Anhang Abschn. 11.1 aufgeführt. Sammeln Sie aber immer genügend Daten, die für einen bestimmten Zusammenhang sprechen und seien Sie auf der Hut vor voreiligen Schlüssen. Mein früherer Chef hat gern angemerkt, dass man durch beliebige 4 Punkte einen Elefanten zeichnen kann. Und wenn man noch einen fünften Punkt hätte, würde er sogar mit dem Rüssel wackeln. Eine gewisse Skepsis gegenüber dem Ableiten von Schlussfolgerungen aus empirischen Daten ist also immer angebracht!

> **Wichtig** In diesem Kapitel haben wir illustriert, dass Komplexität mit der Bildung von Strukturen auf allen Skalen zusammenhängt. Die zugehörigen Häufigkeitsverteilungen sind Potenzgesetze, die in vielen realen Systemen auftreten.

In den folgenden Kapiteln betrachten wir verschiedene Wege, auf denen kritisches – und damit komplexes – Verhalten entstehen kann. Sie stellen gewissermaßen die *Konstruktionsverfahren des Komplexen* dar. Von zentraler Bedeutung sind dabei:

1. die selbstorganisierte Kritikalität – Kap. 4,
2. das Streben zum Chaosrand – Kap. 6, und
3. die Netzbildung durch „bevorzugte Anlagerung" – Kap. 7.

Literatur

1. nach http://www.sengpielaudio.com/TabelleDerSchallpegel.htm
2. S S Stevens: Psychological Review 64 (1957) 153
3. Statistisches Bundesamt: Städte (Alle Gemeinden mit Stadtrecht) nach Fläche, Bevölkerung und Bevölkerungsdichte am 31.12.2019, https://www.destatis.de/DE/Themen/Laender-Regionen/Regionales/Gemeindeverzeichnis/Administrativ/05-staedte.html
4. https://cls.corpora.uni-leipzig.de/de/deu_wikipedia_2018_1M/3.6.1_Zipf's law (Standard version).html
5. P Bak: how nature works – the science of self-organized criticality. Copernicus Springer-Verlag, New York, 1999
6. R Schlittgen: Einführung in die Statistik. Oldenbourg Wissenschaftsverlag, 2012

4 Selbst ist der Mann: Komplexität und selbstorganisierte Kritikalität

Zusammenfassung

In diesem Kapitel werden wir den Zusammenhang zwischen der Komplexität und jenem kritischen Punkt betrachten, an dem das Verhalten eines Systems umschlägt. Insbesondere wird sich zeigen, dass viele Systeme *von sich aus* am kritischen Punkt sind, ohne dass dazu ein gezieltes „Ansteuern" nötig wäre. Sie befinden sich also auf natürliche Weise im Zustand maximaler Komplexität und zeigen alle Anzeichen kritischen Verhaltens: Lawinen auf allen Skalen, Potenzgesetze u. a. m.

4.1 Sandkastenspiele

Haben Sie schon mal versucht, Sand oder Reis auf einen Teller zu schütten? Zunächst geht es ohne Probleme. Wenn aber die ersten Körner an den Rand des Tellers kommen, wird es schwieriger. Durch vorsichtiges Hinzufügen, Korn für Korn, lässt sich ein Kegel aufschütten, der allerdings nicht beliebig steil werden kann – irgendwann erreicht seine Steigung einen maximalen Winkel, s. Abb. 4.1.

Die Materialforscher nennen ihn *kritischen Winkel* oder *Schüttwinkel,* typische Werte für verschiedene Materialien sind in Tab. 4.1 zusammengestellt [1]. Wir hatten beim

F.-M. Dittes, *Komplexität,* Technik im Fokus,
https://doi.org/10.1007/978-3-662-63493-6_4

Abb. 4.1 Schüttkegel (Foto: Anton, https://commons.wikimedia.org/wiki/File:Schuettwinkelrp.jpg)

„Kettenreaktionsspiel" in Abschn. 2.4 schon gesehen, dass der größte Gewinn erzielt werden kann, wenn man dem kritischen Punkt möglichst nahe kommt. Auch im Falle des Sandhaufens ist klar: Wenn ich auf einer gegebenen Fläche möglichst viel Sand aufhäufen will, muss ich versuchen, ihn möglichst steil

Tab. 4.1 Kritische Winkel für verschiedene Schüttgüter

Material	Schüttwinkel
Sand	27°–35°
Getreide	30°
Kies	32°–37°
Zucker	35°
Zement	40°
Salz	40°
Schotter	40°
Steinkohle	45°
Mehl	45°

aufzutürmen. Ich muss also dem Schüttwinkel möglichst nahe kommen. Aber wehe, ich versuche ihn zu überbieten: der Sand rieselt herunter, er wird im wahrsten Sinne des Wortes „verschüttet“, und mein Bestreben verkehrt sich ins Gegenteil. Mehr Sand passt einfach nicht auf den Haufen. Jeder Versuch, neue Körner hinzuzufügen, würde zu einer „Kornlawine“ führen. Die Größe der Lawine hängt dabei von der konkreten Struktur des Haufens ab: von der Lage, der Verzahnung, der mikroskopischen Form der einzelnen Körner. Sie ist also nicht im Voraus berechenbar. Man kann aber eine *statistische* Betrachtung anstellen, d. h. wieder und wieder den kritischen Zustand herbeiführen und die Häufigkeit von Lawinen als Funktion ihrer Größe bestimmen.

Das Putzige ist: Man erhält ein Potenzgesetz [2]! Genau genommen wundert uns das allerdings nicht. Wir haben ja schon am Beispiel der Kettenreaktion in Kap. 2 gesehen, dass kritische Punkte mit Potenzgesetzen einhergehen. Neu ist, dass sich das kritische Verhalten hier *auf natürliche Weise* einstellt.

Das war im Münzen-Spiel in Kap. 2 anders. Dort konnte die Wahrscheinlichkeit, das eine oder andere Ergebnis beim Wurf einer Münze zu erhalten, explizit festgelegt werden. Und nur für $p = 1/2$, d. h. für ideale Münzen, ergaben sich Potenzgesetze und damit kritische Phänomene. $p = 1/2$ ist aber letztlich eine völlig willkürliche Festlegung! Sie hätten auch mit den genannten gezinkten Münzen rechnen können, die $p < 1/2$ bzw. $p > 1/2$ und damit unter- bzw. überkritisches Verhalten ergaben. Wer unsymmetrische Münzen nicht mag, kann sich ja auch ein gezinktes Roulettespiel vorstellen, bei dem „schwarz“ ein bisschen seltener oder auch häufiger fällt als „rot“. Und selbst wenn wir bei der idealen Münze bleiben, war willkürlich festgelegt, dass Sie für jedes „schwarz“ *zwei* neue Münzen bekommen. (Wenn auch von mir bewusst so gewählt, um gleich zu Anfang ein kritisches Phänomen zu erhalten.) Stellen Sie sich vor, Sie würden von der Bank stets nur *eine* Münze als Belohnung bekommen – das Spiel wäre schnell zu Ende. Und bei drei oder mehr Münzen würde Ihr Gewinn buchstäblich explodieren – wir wären im überkritischen Bereich.

Wieso gibt es also Systeme, die sich im kritischen Punkt befinden, obwohl offenbar niemand an den Parametern dreht? Bei denen sich der kritische Zustand also „von selbst“ einstellt. Die Antwort gibt das Konzept der *selbstorganisierten Kritikalität*, d. h. des von selbst entstehenden kritischen Verhaltens. Erstmalig formuliert wurde dieses Herangehen an komplexe Systeme Ende der 1980er Jahre vom dänischen Physiker Per Bak. Eine schöne Darstellung findet sich in seinem Hauptwerk [2]. Die grundlegende Idee besteht in Folgendem: Betrachte das interessierende System nicht isoliert, sondern in Wechselbeziehung mit seiner Umgebung. Ein solches System wird *offen* genannt. Die Wechselwirkung mit der Umgebung führt es in einen bestimmten Zustand, der allerdings nicht unveränderlich, „starr“, sondern in hohem Maße dynamisch ist.

Denken Sie an eine Tür, die durch einen Schließmechanismus zugezogen werden soll, durch einen Luftzug aber darin gehindert wird. Sie wird einen Spalt breit geöffnet bleiben. Dieser Spalt ist nicht immer gleich breit – kleinste Fluktuationen des Luftstroms werden dazu führen, dass die Tür mal etwas weiter, mal etwas weniger offen steht. Je nach Stärke des Luftzugs und in Abhängigkeit von den mechanischen Eigenschaften der Tür wird sie aber *im Mittel* eine bestimmte Stellung einnehmen. Oder betrachten Sie die Oberfläche einer Flüssigkeit, die sich unter dem Einfluss von leichtem Wind kräuselt. Auch hier ist nicht eine Welle wie die andere. Zudem verändert sich jede konkrete Welle im Laufe der Zeit. Im Mittel wird aber eine *bestimmte* Windgeschwindigkeit eine *bestimmte* Stärke des Wellengangs auslösen. Oder nehmen Sie den in Abb. 4.1 gezeigten Sandhaufen. Die 32° sind nur eine *mittlere* Neigung, die sich im Wechselspiel zwischen den Eigenschaften der Körner und der Erdanziehung einstellt. Lawinen werden immer wieder diesen Winkel verringern, und durch den hinzukommenden Sand wird er neu aufgebaut.

Was sind die Gemeinsamkeiten zwischen dem Sandhaufen und den eben genannten Beispielen offener Systeme? Der Öffnungswinkel der Tür hängt ab vom Verhältnis der Stärke des Luftstroms zum Gewicht der Tür, ihrer Reibung in den Scharnieren u. a. m. Die Höhe der Wellen wird gesteuert vom

Verhältnis der Windgeschwindigkeit zur Zähigkeit der Flüssigkeit – versuchen Sie mal, auf Honig Wellen zu erzeugen! Der Neigungswinkel des Sandhaufens hängt einerseits von den Eigenschaften der Sandkörner ab: ihrer Form und ihrer Rauigkeit. Daher haben ja auch unterschiedliche Materialien unterschiedliche Schüttwinkel. Andererseits wird seine konkrete Größe durch die Erdanziehungskraft gesteuert. Sie entspricht dem Luftstrom, dem Wind – bloß dass wir die Gravitation nicht so leicht ändern können wie den Luftzug durch eine Tür!

Der kritische Winkel ist also der, bei dem im Widerstreit zweier Kräfte bzw. zweier Tendenzen ein Umschlagpunkt erreicht wird. Im Falle des Sandhaufens ist die erste Kraft die Haftung zwischen den Sandkörnchen, die sog. Kohäsion. Und die zweite Kraft ist die Gravitation, der es natürlich am liebsten wäre, wenn alle Sandkörner am Boden lägen. Selbstorganisiert kritisch zu sein heißt in diesem Falle, dass der sich einstellende Winkel *ausschließlich* durch diese beiden Kräfte bestimmt wird. Es ist nur wichtig, *dass* es einen äußeren Einfluss, eine eingreifende Hand gibt, die immer neue Körner hinzufügt. Es spielt keine Rolle, ob die Körner stets in der Mitte des Tellers hinzugefügt werden oder an zufälligen Stellen. Auch die Geschwindigkeit, mit der ich neue Körner hinzufüge, ist egal – zumindest solange zwischen zwei Körnern stets genug Zeit gelassen wird, dass sich eine Lawine ausbilden und über den Rand hinab rieseln kann.

Die Untersuchung von Lawinen können Sie in Küche oder Garten gern selbst durchführen. Auf die Dauer wird dies allerdings ausreichend mühselig. Auch ist das Aufrechterhalten gleicher Bedingungen für immer neue Testdurchläufe schwierig. Sand neigt z. B. dazu, Feuchtigkeit aufzunehmen, Reiskörner schleifen sich ab oder verkleben. Die experimentelle Bestätigung des im vorigen Abschnitts gesagten, insbesondere der – bisher von mir nur behaupteten – potenzartigen Verteilung von Lawinengrößen ist denn auch nur für relativ kleine Systeme gelungen [2]. Sauberer lassen sich „Experimente" im Computer durchführen. Dazu muss zunächst das Modell eines Sandhaufens entwickelt werden.

4.2 Sand im Prozessor: ein Computermodell

Da wir im Computer nur Nullen und Einsen zur Verfügung haben, müssen wir den Zustand des Haufens „quantisiert" darstellen. Wir nehmen dafür an, dass der Sand auf einem quadratischen Gitter liegt – stellen Sie sich ein Stück kariertes Papier vor, und dass Veränderungen nur in festen Zeittakten erfolgen. Auch die „Neigung" des Haufens in jedem Punkt sei diskret – es sind eben Körner! Der Einfachheit halber nehmen wir an, dass die Neigung in jedem Punkt durch eine einzige Zahl, 0, 1, 2, 3 usw. beschrieben wird. Im realen Sandhaufen ist sie natürlich auch noch von der Richtung abhängig – es kann ja zu einer Seite hin schneller bergab gehen als zu einer anderen. Um das Rutschen der Sandkörner zu imitieren, legen wir fest, dass nur Neigungen bis höchstens 3 stabil sind. Kommt irgendwo eine 4 zustande, so beginnt der Sand dort zu rutschen: Die Neigung dieses Punktes wird auf 0 gesetzt, die jedes seiner Nachbarn um 1 erhöht. Dies ist beispielhaft in Abb. 4.2 dargestellt. Dabei steht das rote Kästchen für die Neigung 4, orange bezeichnet 3, gelb – 2, grün – 1 und weiß – 0. Durch Hinzufügen von Sand, Körnchen für Körnchen, baut sich allmählich unser virtueller Haufen auf – bis an irgendeiner Stelle der Wert 4 erscheint. Die Neigung auf dem entsprechenden Kästchen wird instabil und es verteilt seinen Inhalt auf die Nachbarn. Dadurch kann es sein, dass diese ihrerseits instabil werden usw. usf. Der Prozess setzt sich fort, bis alle Kästchen wieder Werte kleiner als 4 eingenommen haben und damit stabil sind. Wir haben durch das Hinzufügen *eines* Körnchens eine Lawine ausgelöst und bis zu ihrem Ende verfolgt!

In Abb. 4.2 beginnt die Folge von Schnappschüssen mit dem Einsetzen der Lawine: ein Kästchen hat den instabilen Zustand „rot" erreicht. Die beschriebene Umverteilung auf die Nachbarn beginnt nun, und die Lawine setzt sich fort, bis keine instabilen Kästchen mehr vorhanden sind. Die gezeigte Lawine hat eine

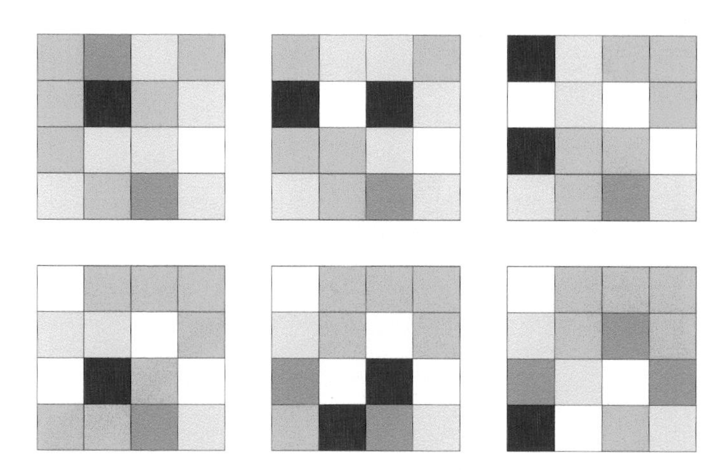

Abb. 4.2 Lawine im Sandhaufen-Modell: Ein instabiles Kästchen (rotes Quadrat) verteilt seinen Inhalt auf seine 4 Nachbarn, die dadurch ihrerseits instabil werden können. Der Prozess setzt sich fort, bis alle Kästchen wieder stabil sind

Dauer von 6 Zeitschritten. Ihre Länge, d. h. die Anzahl der Kästchen, die in ihrem Verlauf instabil geworden sind, beträgt 9. Sieben Körner fallen im Ergebnis der Lawine über den Rand unseres Spielzeug-Sandkastens.

Wenn wir den so beschriebenen Versuch wieder und wieder durchführen, erhalten wir mal kürzere, mal längere Lawinen. Die Verteilung der Häufigkeiten folgt dabei in der Tat einem Potenzgesetz, s. Abb. 4.3: Wieder ergibt sich der Verlauf in der doppeltlogarithmischen Darstellung als Gerade mit einem Anstieg von ungefähr -1! Häufigkeit und Größe einer Lawine sind also näherungsweise umgekehrt proportional zueinander, der genaue Zusammenhang lautet

$$\text{Häufigkeit} \propto \text{Größe}^{-1{,}05}$$

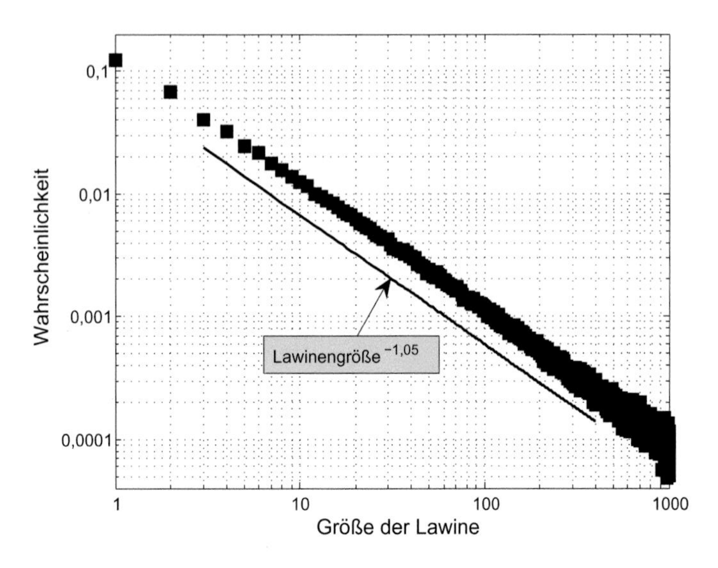

Abb. 4.3 Häufigkeitsverteilung von Lawinengrößen im Sandhaufen-Modell. Der potenzartige Zusammenhang ist wieder eine Folge der Komplexität der Lawinenbildung

4.3 Von unter- und über- und einfach kritischen Beben

Zusammenfassung
Es gibt viele weitere Systeme, die selbstorganisiert kritisches Verhalten zeigen. Im Folgenden betrachten wir ein Modell zur Beschreibung von Erdbeben. Analog zur Kettenreaktion von Kap. 2 kann dabei sowohl unter- wie auch überkritisches Verhalten entstehen. Reale Beben scheinen hingegen genau auf der Trennlinie, d. h. am kritischen Punkt, zu liegen.

Erdbeben gehören zu den bedrohlichsten Naturerscheinungen, die wir kennen. Das Japan-Beben vom 11. März 2011 löste eine gewaltige Flutwelle aus; 26.000 Menschen kamen dabei ums Leben. Das Kernkraftwerk Fukushima wurde so schwer beschädigt, dass wochenlang Radioaktivität austrat. Die Beseitigung der Schäden des Bebens wird viele Jahre in Anspruch nehmen. Beim Seebeben vor der Küste Sumatras am 26. Dezember 2004 kamen

230.000 Menschen ums Leben. Auch hier war es der durch das Beben ausgelöste Tsunami, der die meisten Opfer forderte.

Waren diese Beben denn nicht vorhersehbar? Konnten die Wissenschaftler nicht wenigstens eine Stunde vorher warnen und damit Evakuierungsmaßnahmen ermöglichen? Die Antwort auf diese Fragen lautet leider: „Nein". Erdbeben sind die Folge komplizierter, miteinander gekoppelter Prozesse an der Grenze zwischen Erdmantel und Erdkruste. Die Bewegung der Kontinentalplatten führt zu Spannungen an ihren Berührungsflächen. Wenn sich diese Spannungen entladen, ist dies bis an die Oberfläche zu spüren: die Erde bebt. Eine solche Entladung kann lokal begrenzt sein oder sich in einer Art Kettenreaktion über Hunderte von Kilometern erstrecken. Entsprechend stark variiert die bei dem Beben freigesetzte Energie – und damit der potenzielle Schaden. Die Modellierung der beschriebenen Prozesse ist außerordentlich kompliziert. Auch heute noch kann lediglich die *Wahrscheinlichkeit* eines großen Bebens angegeben werden. Naturgemäß sind die Grenzzonen der Kontinentalplatten am stärksten bebengefährdet, aber selbst in Deutschland gab es schon Tote und Verletzte durch mittelstarke Beben. Leichtere Erdstöße gibt es auch bei uns relativ häufig. Als aktuelles Beispiel sei das in weiten Teilen Baden-Württembergs registrierte Beben vom 21.03.2021 mit einer Stärke von 3,7 genannt.

Um die Verteilung der Häufigkeiten von Erdbeben zu untersuchen, sind wir noch stärker als bei den Sandkastenspielen auf Computersimulationen angewiesen. Was würde ihr Nachbar sagen, wenn Sie laufend in Ihrem Garten versuchen würden, kleine Beben auszulösen!

Wir konzentrieren uns im Folgenden auf eines der einfachsten Erdbebenmodelle, an dem sich aber bereits der Aspekt der selbstorganisierten Kritikalität erkennen lässt. Dazu modellieren wir die Erdkruste als eine Menge von „Gesteinsblöcken". Wie auch die Sandkörner in Abschn. 4.2 werden die Blöcke auf einem regelmäßigen quadratischen Gitter angeordnet. Zwischen je zwei benachbarten Blöcken denken wir uns eine Feder. Zunächst ist keine einzige der Federn gespannt, aber in jedem Zeittakt wird die Spannung irgendeiner Feder um einen festen Betrag erhöht. Jede Feder kann also das 0-, 1-, 2-, usw. fache dieses Betrags aufnehmen – bis sie reißt. Sie gibt dann ihre

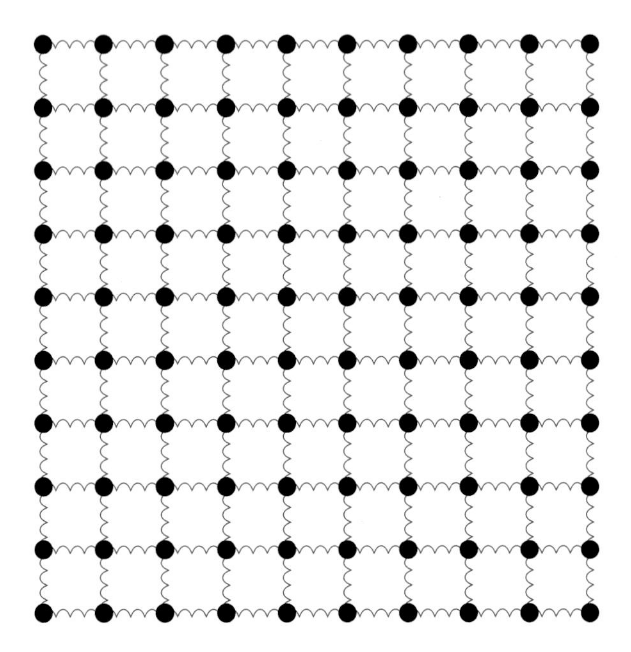

Abb. 4.4 Federmodell zur Erdbebensimulation

Spannung an die benachbarten Federn ab, die dadurch ihrerseits reißen können, usw. usf. Dieses Modell ist ganz offensichtlich verwandt mit dem Sandhaufenmodell von Abschn. 4.2.

Jede Feder verbindet zwei Blöcke, und jeder Block ist – außer an die betrachtete Feder – noch an drei weitere Federn angeschlossen (zumindest jeder im Inneren des Gitters), sodass jede Feder sechs Nachbarn hat, s. Abb. 4.4. Wir betrachten zunächst den Fall, dass eine Feder reißt, wenn sie sechs „Spannungsquanten" aufgenommen hat. Sie gibt ihre Spannung dann zu gleichen Teilen an jede der Nachbar-Federn ab – deren Spannung steigt damit um je eine Einheit. Das soll auch für die Federn am Rand gelten, die weniger Nachbarn haben; die überschüssige Spannung entweicht einfach aus dem System.

Was ergibt sich nun, wenn wir dieses Modell wieder und wieder durchspielen? Analog zum Sandhaufenmodell aus dem vorigen Abschnitt können wir zunächst Spannung in das System geben, ohne dass eine einzige Feder reißt. Irgendwann wird

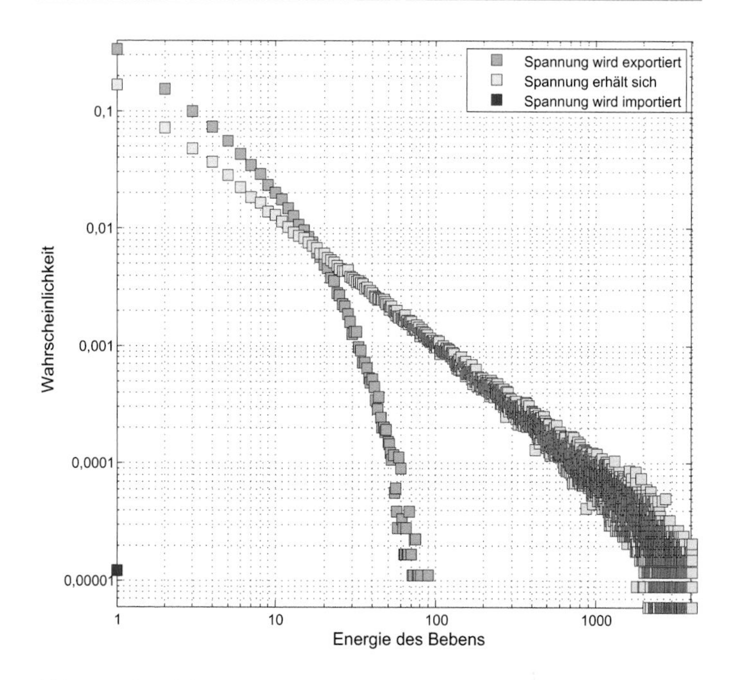

Abb. 4.5 Häufigkeitsverteilung von Beben im Erdbebenmodell

jedoch auch hier ein Zustand erreicht, in dem *ein* neu hinzugegebenes „Spannungsquantum" zum ersten Reißen führt, und dieses kann ggf. weitere Federn zerstören usw. – ein Beben, d. h. eine „Lawine", entsteht. Die Größenverteilung dieser Lawinen ist als gelbe Punktwolke in Abb. 4.5 gezeigt. Wieder ergibt sich ein potenzartiges Abfallen mit einem Exponenten von ca. – 1. Erst bei sehr großen freigesetzten Energien – wenn praktisch alle Federn des Systems reißen – weicht die Zahl der Lawinen von diesem Gesetz ab. Trotzdem *können* solche „Super-Katastrophen" auftreten. Für das Abb. 4.5 zugrunde gelegte Gitter mit 4900 Federn (entsprechend 50×50 Blöcken) machen sie immerhin fast 1 % aller Ereignisse aus! In der Realität würden sie das System vollständig zerstören.

Konfrontiert man dieses Ergebnis mit der Häufigkeitsverteilung realer Erdbeben, s. Abb. 2.5, zeigt sich, dass das Verhalten qualitativ sehr gut getroffen ist – eben das Abklingen der Häufigkeit nach einem Potenzgesetz. Allerdings stimmt der Exponent, der in unserem Modell -1 beträgt, nicht mit dem für reale Beben überein – Abb. 2.5 legt eher einen Wert von $-2/3$ nahe. Die reale Erdkruste ist offenbar um einiges komplizierter als ein 50×50-Gitter aus Steinen und Federn!

Untersuchen wir nun in unserem Modell, wie sich die Wahrscheinlichkeitsverteilung ändert, wenn

a. jede zerreißende Feder einen Teil ihrer Spannung an die Umgebung des Systems abgeben kann. So sinkt beim Zusammenstoß von tektonischen Platten eine der Platte in den Erdmantel ab und reduziert dadurch die Spannungen in der Kruste.
b. ganz im Gegenteil, der Riss einer Feder zu einer *zusätzlichen* Einspeisung von Energie führt – ganz so als hätte dieser Riss ein Ventil geöffnet und dadurch noch mehr Spannung aus dem Erdmantel in die Kontinentalplatten geholt. Auch dieser Prozess hat sein Vorbild in der Realität. Beispielsweise könnten sich durch das Beben Vulkanschlote öffnen und die Spannungsdynamik beeinflussen.

Die Ergebnisse der zugehörigen Simulationsrechnungen sind als grüne (Fall a) bzw. rote (Fall b). Quadrate in Abb. 4.5 dargestellt. Die Ähnlichkeit zu Abb. 2.10 ist frappierend. Offenbar entspricht Fall a dem *unterkritischen* Verlauf einer Kettenreaktion, Fall b hingegen dem *überkritischen.* Das ist auch plausibel: Im ersten Falle „exportiert" das System bei jeder Umverteilung der Federbelastung einen Teil der Spannung an die Umgebung. Es reduziert also seine Spannungen und ist dadurch in der Lage, einen Teil seiner Krisenanfälligkeit zu verringern. Insbesondere große Krisen, d. h. hier große Beben, werden durch diesen Export stark unterdrückt.

Im zweiten Fall passiert jedoch das Gegenteil: Jede Überlastung führt nicht nur zum Zerreißen einer Feder, sondern wird zusätzlich bestraft, indem weitere Spannung in das System hineingetragen wird. Die dann einsetzende Kettenreaktion wird in aller Regel nicht mehr zu stoppen sein und das ganze System erfassen. Analog zu Abb. 2.10 gibt es nur ganz wenige *kleine*

Beben, die Masse der Beben weist eine extrem große Intensität auf und die zugehörigen Datenpunkte liegen weit außerhalb des dargestellten Bereichs.

Der Spannungsexport ermöglicht dem System also, im unterkritischen Zustand zu bleiben. Ist das nicht mehr möglich, kommt es unweigerlich zum kritischen Verhalten. Allerdings ist der Export von Spannung nur dann sinnvoll, wenn diese von der Umgebung des Systems auch abgebaut werden kann. Wenn also nicht die Gefahr besteht, dass sich die abgeführte Spannung irgendwo aufstaut und irgendwann auf das System „zurückschlägt".

Als Beispiel mögen die Buschbrände in Australien dienen. Jahrmillionen lang hat die alljährliche Hitze zur Entstehung zahlloser Brandherde geführt – und damit zu vielen kleinen Bränden. Die Brandherde waren zufällig, und keiner der Brände konnte sich extrem weit ausbreiten. Irgendwann ist er auf schon verbranntes Gebiet gestoßen und hat keine Nahrung mehr gefunden. Jahrtausende lang haben die Aborigines mit diesen Bränden gelebt. Man nahm kleine Katastrophen in Kauf, um große zu verhindern. Heutzutage werden aber zunehmend auch kleine Brände unterdrückt, ohne dass die treibende Kraft – die extreme Energiezufuhr durch die Sonne – oder die Umweltbedingungen (die Trockenheit) sich geändert hätten. Die Folge sind seltene, aber dafür oft verheerende Brände. Die Unterdrückung kleiner Spannungen führt zur Spannungs-Akkumulation, die sich in großen Ausbrüchen entlädt.

▶ **Wichtig** Anhand eines Erdbebenmodells konnten wir die Verhaltensweisen komplexer Systeme untersuchen. Die Entwicklung des Systems hängt dabei entscheidend davon ab, ob es Spannungen exportieren kann oder nicht. Wenn ja, zeigt es ein unterkritisches Verhalten. Werden hingegen zusätzliche Spannungen importiert, entsteht überkritisches Verhalten mit „Lawinen", die letztlich zum Zusammenbruch des gesamten Systems führen können. Nur an der Grenze zwischen beiden Mustern tritt das eigentlich kritische Verhalten auf. Das System erreicht dabei seine maximale Komplexität.

Literatur

1. nach https://de.wikipedia.org/wiki/Reibungswinkel
2. P Bak: how nature works – the science of self-organized criticality. Copernicus Springer-Verlag, New York, 1999

5 Was rauscht denn da? Komplexität und Fluktuation

Zusammenfassung

Wir haben in den vorangegangenen Kapiteln oft von der Häufigkeit von Ereignissen gesprochen. Dazu musste ermittelt werden, wie viele Lawinen einer gegebenen Größe in einem Sandhaufen entstehen, wie oft verschiedene Wörter in einem Text vorkommen usw. Wir haben also die *Anzahl* betrachtet.

Häufigkeit hat aber neben dieser Bedeutung auch den Aspekt der *zeitlichen Abfolge:* Wie wahrscheinlich ist es, dass einem großen Beben ein weiteres großes Beben folgt? Wenn jetzt eine Feder gerissen ist – kann es sein, dass diese Feder morgen wieder reißt? Stimmt es, dass ein Unglück selten allein kommt?

5.1 Frequenzen und ihre Analyse

Zur Beantwortung dieser Fragen haben die Mathematiker die Methode der *Frequenzanalyse* entwickelt. Sie kann sehr gut am Beispiel der Musik illustriert werden. Eine Frequenz entspricht dabei einer Tonhöhe. Konkrete Frequenzen hatten wir bereits im Zusammenhang mit den Oktaven in Tab. 3.1 gesehen. Jeder Ton entsteht durch ein sinusförmiges Auf und Ab der Lautstärke,

F.-M. Dittes, *Komplexität*, Technik im Fokus,
https://doi.org/10.1007/978-3-662-63493-6_5

der „Amplitude" – die Maßeinheit „Hertz" steht dabei für genau eine Schwingung pro Sekunde. Allerdings hat eine saubere Sinusschwingung weder Anfang noch Ende! Der arme Konzertmeister müsste also vom Anbeginn aller Tage an den Ton vorgeben, auf den sich das Orchester einstellen muss. Und wenn in der Partitur dann ein a oder ein c steht, müssten diese Töne alle endlos – und gleichzeitig – gehalten werden, ein unvorstellbares Durcheinander! Den Ausweg aus diesem Dilemma liefert die Ton*dauer*. In Abb. 5.1 sind auf der linken Seite beispielhaft einige Schwingungen skizziert, die Tondauer nimmt dabei von oben nach unten ab.

Sobald ein Ton nur noch eine gewisse Zeit dauert, haben wir es nicht mehr mit einer reinen Sinusschwingung zu tun, denn sie hat jetzt einen Anfang und ein Ende. Allerdings kann jeder Ton als Summe, d. h. als Überlagerung von Sinusschwingungen mit verschiedenen Frequenzen dargestellt werden. Jede konkrete Schwingung weist dabei ein bestimmtes Profil im Frequenzbild auf – das sogenannte *Frequenzspektrum.* Dabei entsprechen kleine Frequenzen – also tiefe Töne – großen Wellenlängen und damit Korrelationen in der Zeit über große Zeiträume, hohe Frequenzen – solchen über kurze Zeiten. Verschiedene Frequenzen haben normalerweise unterschiedlich starke Anteile, und mit abnehmender Tondauer werden die schönen 440 Hz des Kammertons a immer stärker verwaschen. Der entsprechende Verlauf ist auf der rechten Seite von Abb. 5.1 gezeigt:

Statt *einer* Frequenz haben wir es dabei mit sehr vielen zu tun. Genau genommen, erstreckt sich das Frequenzspektrum jedes Tons endlicher Dauer bis in die Unendlichkeit! Je kürzer er ist, desto breiter sein Frequenzspektrum. Damit sind wir auf die *Frequenz-Zeit-Unschärfe* gestoßen – eine Widerspiegelung der Dualität von Frequenz und Zeit [1].

Eine unmittelbar praktische Auswirkung besteht darin, dass *jedes* Abschneiden im Frequenzraum eine Verfälschung des Originalsignals mit sich bringt. Das menschliche Ohr hört zwar nur Frequenzen bis 20 kHz (und selbst das nur in den besten Jahren), aber jeder endliche Ton enthält auf Grund der Frequenz-Zeit-Unschärfe beliebig hohe Frequenzen. Selbst wenn die typische Samplingrate einer CD-Aufnahme bei 44,1

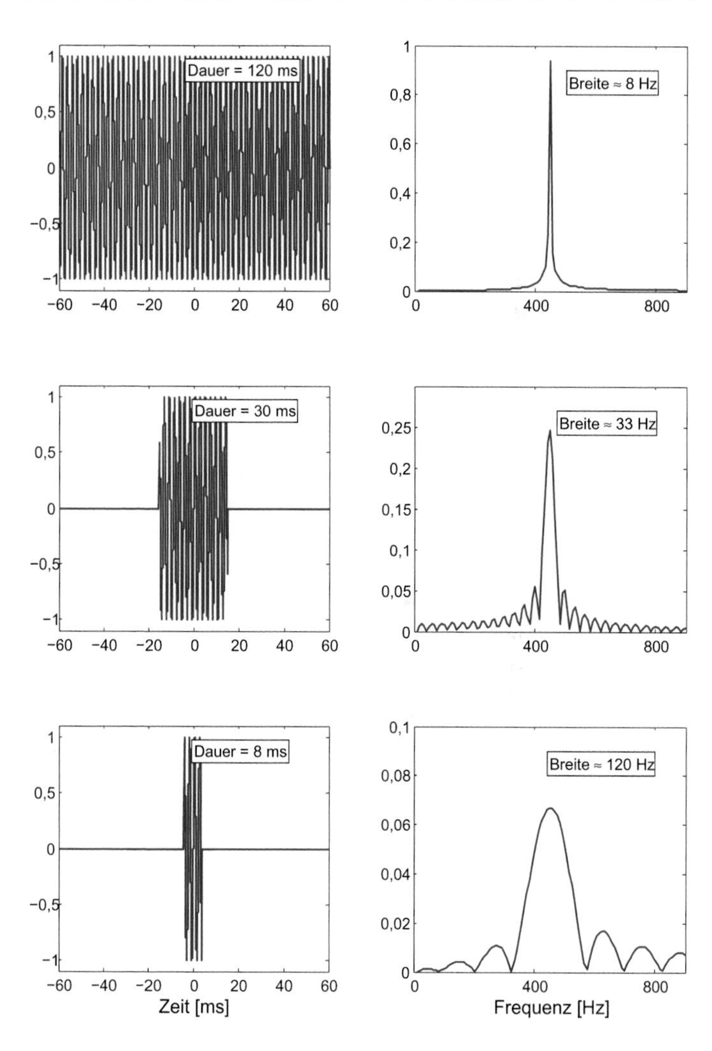

Abb. 5.1 Schwingungen im Zeit- und im Frequenz-Bild: Nur einer unendlich andauernden Sinusschwingung kann eine eindeutige Frequenz zugeschrieben werden. Mit abnehmender Dauer der Schwingung wird das Frequenzspektrum dagegen immer breiter

bzw. 48 kHz liegt und bei hochwertigen Aufnahmen bis zu 192 kHz gehen kann – ein bisschen Information geht immer verloren. Zum Glück nimmt der Anteil der „verlorenen“ Musik mit wachsender Tondauer rasch ab. Das Vorgeben des Kammertons a für wenige Sekunden reicht daher aus, um als Richtschnur für alle anderen Orchestermitglieder dienen zu können.

5.2 Komplexität und Gedächtnis

Zeitliche Korrelation bedeutet, dass der Zustand eines Systems zum jetzigen Zeitpunkt durch Zustände zu früheren Zeitpunkten beeinflusst wird. Man sagt, das System hat ein „Gedächtnis". Für den Kammerton a mit seiner perfekten Sinusschwingung ist eine solche zeitliche Korrelation offensichtlich: Die Amplitude der Schwingung *jetzt* ist genau die gleiche wie *vor* einer 440-stel Sekunde. Und natürlich die gleiche wie in1/440 s, oder in 2/440 s usw. Man kann dieses Gedächtnis in einer Funktion ausdrücken, die für jeden denkbaren Abstand zweier Ereignisse angibt, wie sehr diese miteinander zu tun haben – der *Korrelationsfunktion.* Für die obige Sinusschwingung hat sie scharf ausgeprägte Maxima alle 1/440 s. Und die Frequenz, mit der sich diese Maxima wiederholen, beträgt eben genau 440 Hz. Das ist die scharfe Spitze in der rechten oberen Grafik in Abb. 5.1. Mit abnehmender Länge des Tons verwischt sich dieses Maximum allerdings. Zu Beginn und am Ende des Tons ist es ja schließlich nicht mehr so, dass sich die Amplitude alle 1/440 s wiederholt. Als Folge der Begrenztheit des Tons verbreitert sich das zugehörige Frequenzspektrum.

Aber zurück zur zeitlichen Abfolge der Erdbeben. Betrachten wir dazu, wie sich die Aktivität in unserem Modell von Abschn. 4.3 im Laufe der Zeit entwickelt, wie viele Federn also zu jedem Zeitpunkt gerade reißen, s. Abb. 5.2.

Nach einer gewissen Anlaufzeit – die Federn spannen sich ja erst allmählich – scheint die Kurve wie wild zu zappeln. Das ist kein Wunder, wir haben es schließlich mit einem Zufallsprozess zu tun. Allerdings mit einem, der Ergebnis des korrelierten Verhaltens eines komplexen Systems ist! Der Zustand des Systems hier und jetzt hängt also von dem ab, was bisher war. *Während* eines Bebens ist klar: Wenn eine Feder in meiner Umgebung reißt, könnte auch ich bald betroffen sein. Anders ausgedrückt:

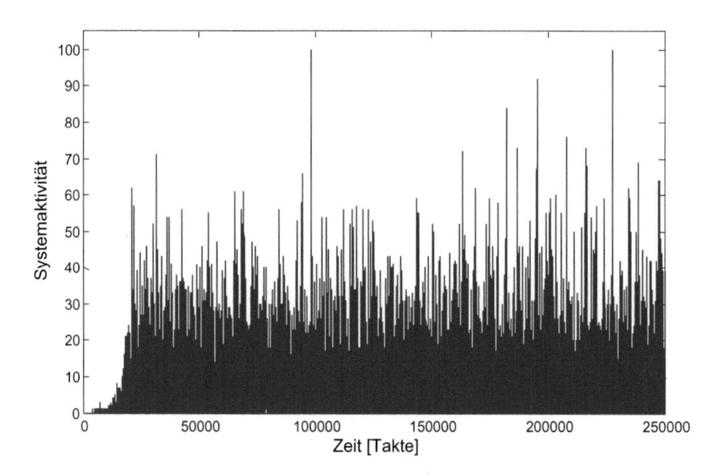

Abb. 5.2 Aktivität im Erdbebenmodell als Funktion der Zeit. Nach einer kurzen Einschwingphase fluktuiert die Systemaktivität scheinbar ungeordnet.

Es dauert eine gewisse Zeit, bis sich die Spannungen eines Bebens im System zerstreut und letztlich abgebaut haben. Es gibt also einen Zusammenhang auf kleinen Zeitskalen, man spricht von *kurzreichweitiger Korrelation.* Es gibt aber auch ein länger anhaltendes Gedächtnis: Da nach jedem Beben alle Federn „abgeregt" sind, braucht das System eine gewisse Zeit, um erneut in einen instabilen Zustand zu geraten. Das Beben beeinflusst also noch lange nach seinem Abklingen den Zustand des Systems! Wir haben es mit einem Langzeitgedächtnis zu tun – die entsprechenden Korrelationen werden *langreichweitig* genannt. Wie heißt es doch: Die Sünden der Väter wirken fort bis ins 3. und 4. Glied (2. Mose 20,5). Erst über sehr lange Zeiträume verwischen sich auf Grund der Zufälligkeit der Zuführung neuer Spannungen allmählich die Korrelationen.

Betrachten wir dies konkret für unser Modell (s. Abb. 5.3):

Im linken Bild ist die zeitliche Korrelation der Systemaktivität dargestellt: Wie sehr hängen also Ereignisse zusammen, die eine gewisse Zeitspanne auseinanderliegen. Natürlich nimmt die Korrelation mit wachsendem zeitlichen Abstand ab. Allerdings

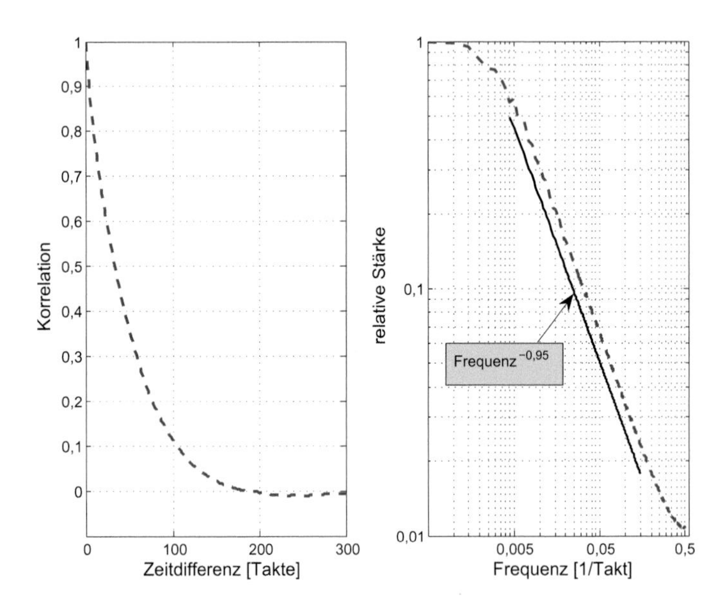

Abb. 5.3 Zeitliche Korrelation und Frequenzanalyse im Erdbebenmodell. Die Korrelation zwischen der Systemaktivität zu verschiedenen Zeiten klingt zwar rasch ab, im Frequenzbild zeigt sich aber in sehr guter Näherung das für komplexe Systeme typische 1/f-Verhalten

tut sie das sehr langsam. So sind Ereignisse mit einem zeitlichen Abstand von 100 Zeitschritten immer noch spürbar korreliert – Lawinen dieser Dauer treten aber schon recht selten auf. Wir haben es also wirklich mit langreichweitigen Korrelationen zu tun, dementsprechend dominieren im Spektrum die niedrigen Frequenzen.

Das gesamte Frequenzprofil ist auf der rechten Seite von Abb. 5.3 in doppelt-logarithmischer Darstellung gezeigt. Über weite Bereiche nimmt die Stärke, mit der eine gegebene Frequenz zum Gesamtprofil beiträgt, annähernd *umgekehrt proportional* zur Frequenz ab. Dieses bedeutende Phänomen erhielt die Bezeichnung *1/f-Rauschen.* Es ist eine Folge der Korrelationen im betrachteten System, genauer gesagt: *der Korrelationen eines komplexen Systems im kritischen Zustand.*

Das 1/f-Rauschen tritt in zahllosen Systemen auf. Beispiele dafür sind [2]

- die Pegelhöhe von Flüssen
- die Temperaturentwicklung an einem Ort
- die Zeitreihe von Börsenkursen
- Musikstücke verschiedenster Stilrichtungen
- das sogenannte Flicker-Rauschen (eine bestimmte Art von Fluktuationen in Festkörpern) u. v. a. m.

Und wenn ein und dasselbe Verhalten bei so unterschiedlichen Systemen wie Festkörpern, Wetterfröschen und Börsenhändlern auftritt, liegt die Vermutung nahe, dass es nicht an deren *Besonderheiten* liegen kann. Vielmehr sollte es eine *gemeinsame* Ursache geben – ihre Komplexität.

Ursprüngliches Ziel der selbstorganisierten Kritikalität war es denn auch, eine Erklärung des 1/f-Rauschens zu finden [2].

Betrachten wir zwei der angeführten Beispiele näher. Zunächst die Entwicklung des Deutschen Aktienindex (DAX) von 2000 bis 2020 [3], s. Abb. 5.4.

Die Intensität des Spektrums fällt wie $f^{-1,01}$ ab – ein fast perfektes 1/f-Rauschen über mehrere Größenordnungen! Das 1/f-Verhalten hält bis zu Frequenzen von f=0,002/Tag, mit geringen Fluktuationen bis hinunter zu f=0,0005/Tag, d. h. zu 1/(2000 Tage) an! Wir haben hier die Tagesendwerte betrachtet, sodass die größte messbare Frequenz *1/Tag* ist. Interessanterweise

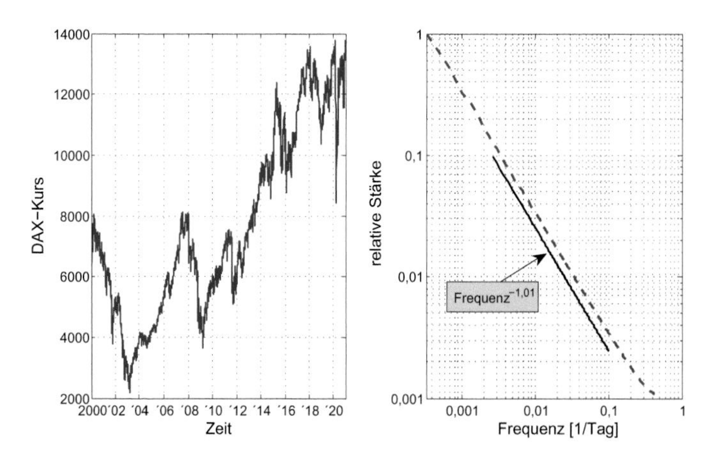

Abb. 5.4 Frequenzanalyse des DAX. Auch hier verbirgt sich im scheinbar regellosen Auf und Ab im Zeitbild das 1/f-Spektrum der Frequenzen.

tritt das gleiche 1/f-Rauschen aber auch bei Analysen im Sekunden- oder Millisekunden-Bereich auf. Die Schwankungen des DAX weisen also Strukturen auf allen Skalen auf – wie es sich für ein ordentliches komplexes System gehört!

Auch die Musik weist ein breites Frequenzspektrum auf; was uns am angenehmsten, am harmonischsten klingt, ist dabei ganz nahe am 1/f-Verhalten. Es gibt also einen Zusammenhang Komplexität ←→ Schönheit! Und analog zur Komplexität der Sprache, über die wir in Abschn. 3.3 gesprochen haben, wird das am besten illustriert, wenn wir die Extreme betrachten: Gäbe es nur eine einzige Frequenz – so wie sie einer Sinusschwingung entspricht, könnte man dies wohl kaum als Musik bezeichnen. Es wäre *ein* Ton – langweilig! Auf der anderen Seite stünde ein Spektrum, bei dem alle Frequenzen gleiche Anteile aufweisen – eine Überlagerung sämtlicher denkbarer Töne – ziemlich dissonant! Als angenehmsten „Kompromiss" empfinden wir hingegen Musikstücke, die Anteile aller Frequenzen enthalten, harmonisch über das Spektrum verteilt – wie es dem Potenzgesetz entspricht. Der hohe Anteil niedriger Frequenzen spiegelt dabei nicht nur wider, dass ein ordentlicher „Bass-Teppich" die Grundlage eines guten Klangs ist. Auch die stetige Wiederholung von Passagen, Motiven, Strophen – sei es identisch oder abgewandelt – trägt zu dieser Dominanz der niedrigen Frequenzen bei und verhindert, dass wir das Stück als allzu chaotisch empfinden. Es wäre eine Untersuchung wert, ob man eine Epoche oder eine Stilrichtung am Frequenzspektrum ihrer Musik erkennen kann – vielleicht sogar einen konkreten Komponisten?

5.3 Und wenn's nun doch bloß Zufall ist?

Nun ist natürlich nicht alles in der Welt 1/f-„be"-rauscht. Vergleichen wir die gefundenen Verteilungen dazu mit einem Prozess, der doch wohl richtig zufällig sein sollte: der Ziehung der Lottozahlen. Zufällig heißt, dass alle Ereignisse gleich wahrscheinlich auftreten und dass es keine Korrelationen zwischen aufeinanderfolgenden Ereignissen gibt, vgl. Kap. 2. Nehmen wir zum Beispiel die Lottozahlen vom Mittwochs- und Samstagslotto im Jahr 2020: Nur jeweils 7-mal wurden die 26 und die 30 gezogen. Aber 25-mal die 11, fast viermal so oft wie die 26! Zufall? Oder 2019: Wieder ist die 26 Schlusslicht: nur 8-mal gehört sie zu den Gewinnzahlen, aber 22-mal die 42… Ist es am Ende vielleicht doch kein Zufall?

Nun gibt es bei solchen Erscheinungen drei Gruppen von Leuten, nennen wir sie (A), (B) und (C). Gruppe (A) sagt: „Oh … so selten 26 … Das *muss* sich irgendwann ausgleichen! (Wir fügen hinzu: nach dem Gesetz der großen Zahlen, s. Abschn. 2.1) Also setze ich auf die 26, die kommt sicher in den nächsten Ziehungen überdurchschnittlich oft!". Gruppe (B) ist überzeugt: „Oh … so selten 26 … Dahinter muss etwas stecken … Die kommt sicher auch in den nächsten Ziehungen seltener als die anderen Zahlen – meide sie und setze lieber auf die, die dieses Jahr schon ganz oft gekommen sind. (‚The trend is your friend' – alte Börsenweisheit)". Und (C) sagt einfach: „Weiß nicht".

Sehen wir uns also die Häufigkeiten einiger der gezogenen Zahlen an und betrachten wir dabei auch einen längeren Zeitraum [4], s. Tab. 5.1.

Man könnte lange über einzelne Zahlen philosophieren. So ist aus dem langjährigen Gewinner, der 6, 2020 ein ziemlich mittelmäßiger Kandidat geworden, während unser „Sorgenkind", die 26, über die Jahre betrachtet ganz ordentlich mitgehalten hat. Aufschlussreicher ist aber, den *relativen Unterschied* zwischen der am häufigsten und der am seltensten gezogenen Zahl zu

Tab. 5.1 Häufigkeit der im Mittwochs- und Samstagslotto gezogenen Zahlen

2020			2000–2020		
Platzziffer	Gewinnzahl	Anzahl	Platzziffer	Gewinnzahl	Anzahl
1.	11	25-mal	1.	6	327-mal
	...			...	
21.	6	13-mal	18.	26	290-mal
	...			...	
49.	26, 30	7-mal	49.	21	230-mal

betrachten: In einem einzelnen Jahr kann er beträchtlich groß sein: 2019 fast das Dreifache, 2020 sogar noch mehr. Aber er schmilzt auf weniger als das Anderthalbfache zusammen, wenn wir den gesamten Zeitraum des Mittwochs- und Samstagslottos seit Herbst 2000 betrachten!

Offenbar besteht eine Tendenz zur gleichen Häufigkeit aller Zahlen – wenn man nur genügend lange Zeiträume betrachtet. Wie ist das möglich? Beeinflussen sich die Ziehungen eventuell doch? Und zwar *so,* dass genau dieser Effekt des Ausgleichs entsteht? Wenn das so wäre, müsste man aus den Ergebnissen einer Ziehung – und damit letztlich *aller* bisherigen Ziehungen – irgendetwas über zukünftige Ziehungen ableiten können. Die Ergebnisse zweier Ziehungen wären also miteinander korreliert – und sei es auch nur ein klitzekleines bisschen – und Gruppe (A) hätte recht. Betrachten wir also wieder die Ziehungen der Jahre 2000 bis 2020 in ihrer kalendarischen Reihenfolge. Dabei unterscheiden wir nicht zwischen Mittwochs- und Samstagslotto, und auch die bis Mai 2013 übliche Zusatzzahl wird mitgezählt. In Abb. 5.5 ist links die Korrelationsfunktion dargestellt, die die Wahrscheinlichkeit dafür angibt, dass in der nächsten Ziehung dasselbe Ereignis eintritt wie in der jetzigen. Ein Ereignis kann

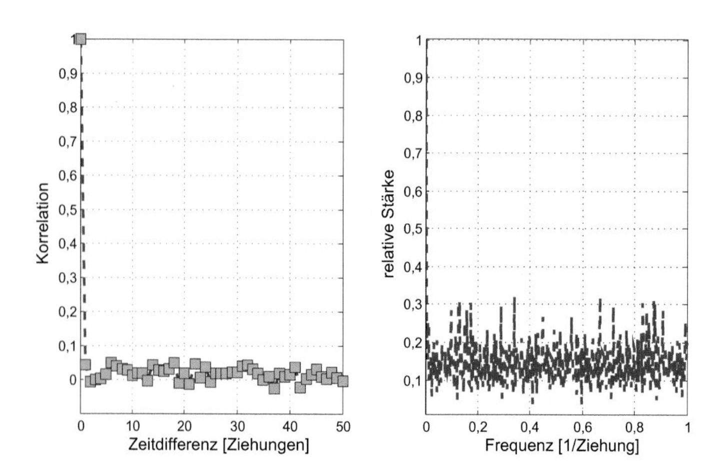

Abb. 5.5 Korrelation von Lottozahlen: Die Unabhängigkeit der Ergebnisse verschiedener Ziehungen spiegelt sich im Frequenzbild als „weißes Rauschen", d. h. als annähernde Gleichverteilung aller Frequenzen wider

dabei die Ziehung einer ganz bestimmten Zahl sein. Oder die Wahrscheinlichkeit, dass 2 oder gar 3 usw. ganz bestimmte Zahlen gezogen werden. Da alle diese Wahrscheinlichkeiten aber sehr klein sind, würde man für die Untersuchung solcher Korrelationen extrem viele Daten, d. h. Ziehungen, benötigen. Ich habe daher Ziehung für Ziehung angeschaut, wie viele der sieben gezogenen Zahlen im Bereich zwischen 32 und 49 lagen. Diese Zahlen werden ja ansonsten eher etwas gemieden, d. h. seltener angekreuzt als der Rest – besonders von den Spielern, die sich vom Ankreuzen von Geburtstagen besonderes Glück versprechen, sei es nun der des Chefs oder der der Schwiegermutter.

Die Korrelationsfunktion bestätigt leider die Befürchtungen der „weiß nicht"-Fraktion: die einzige signifikante Korrelation ist die einer Ziehung mit sich selbst. Das ist jedoch eine höchst triviale Korrelation. Sie besagt, dass ich, wenn heute z. B. eine 48 gezogen worden ist, weiß, dass heute eine 48 gezogen worden ist. Alle anderen Werte der Korrelationsfunktion fluktuieren um Null herum. Selbst für die nächste Ziehung kann ich nichts aus der jetzigen Ziehung schließen!

Der rechte Teil von Abb. 5.5 zeigt das Frequenzspektrum, das sich aus der erhaltenen Korrelationsfunktion ergibt. Auch hier sieht man ein wildes Gezappel, wobei alle Frequenzen ungefähr die gleiche Amplitude haben. Ein solches Profil wird *weißes Rauschen* genannt – in Anlehnung an die menschliche Wahrnehmung einer gleichmäßigen Überlagerung der Grundfarben Rot, Grün und Blau als Weiß.

Wir schließen damit den Kreis zu dem in Kap. 2 Gesagten:

Wichtig

Unabhängige Ereignisse – und damit unabhängige Fluktuationen – gleichen sich im Laufe der Zeit aus. Das System strebt zu einem *mittleren Verhalten,* ohne dass es dazu einer „unsichtbaren Hand" bedarf, die das „so einrichtet". Mehr noch: Gerade *weil* zwei Ziehungen nichts miteinander zu tun haben, realisiert sich das Gesetz der großen Zahlen! Wie so oft im Leben würde eine steuernde Hand mehr schaden als nützen. Das System kommt schon allein zurecht.

Im Gegensatz dazu ist ein 1/f-Spektrum ein sicheres Indiz für das Vorhandensein von Korrelationen. Der Preis dafür ist allerdings hoch: Es gibt in solchen Systemen keine Tendenz zum Ausgleich, zum Streben zu einem Mittelwert mehr! Auf einen heißen Sommer muss nicht unbedingt ein kalter Winter folgen. Es muss nicht ein Jahr wie das andere sein. Wir müssen lernen, mit großen Fluktuationen zu leben.

5.4 Komplexität aus Nullen und Einsen

Zusammenfassung
In Kap. 2 hatten wir gezeigt, dass Komplexität ein Ausdruck von Korrelationen im System ist. Die Spektralanalyse erlaubt uns nun, diesen Zusammenhang quantitativ zu fassen. Dabei wird sich herausstellen: Komplexität tritt auf, wenn die Korrelation weder zu stark, noch zu schwach ist. Maximale Komplexität tritt gerade dann auf, wenn das Frequenzspektrum nahe am 1/f-Rauschen liegt.

Um das zu illustrieren, holen wir wieder unsere Münze hervor. Diesmal benutzen wir sie, um *Folgen* zu betrachten, die nur aus Nullen und Einsen bestehen. Unterstellen wir zunächst, dass die einzelnen Glieder der Folge nichts miteinander zu tun haben – so wie das beim gewöhnlichen Werfen der Münze der Fall wäre. Wir können dann sagen: „Das ist eine ungeordnete, zufällige Menge von Ziffern." Wenn die nächste Zahl aber etwas mit der vorhergehenden zu tun hat – so wie in unserem Modell der Kettenreaktion aus Kap. 2 – haben wir es mit einer *korrelierten Folge* zu tun. Diese Korrelation kann mehr oder weniger stark ausgeprägt sein. Wenig korrelierte Folgen sind dabei solche, die immer noch *fast* zufällig sind. Und stark korrelierte? Na ja, die sind natürlich das Gegenteil von zufällig: wir werden sie *geordnet* nennen oder auch *regulär*, da ihrer Bildung irgendeine Regel zu Grunde liegt.

▶ **Definition** Der Begriff *Folge* bezeichnet in der Mathematik eine Liste von endlich oder unendlich vielen Objekten. Die Plätze der Objekte sind dabei durchnummeriert, z. B. als 1., 2., usw.

Nehmen Sie z. B. die Folge 1010101010. Das ist ein sich wiederholendes Auf und Ab, gewissermaßen eine Karikatur auf das Sinussignal von Abb. 5.1. Ist diese Folge geordnet, oder ist sie rein zufällig zustande gekommen? Na klar, „geordnet“, werden Sie sagen. Und unter „geordnet“ verstehen wir: die hat jemand bewusst so hingelegt, so *angeordnet.* In der Tat, es wäre sehr unwahrscheinlich, dass eine solche Abfolge von Nullen und Einsen durch bloßen Zufall entsteht. Versuchen Sie es einmal, indem Sie unsere Münze werfen. „Kopf“ bzw. „Wappen“ steht nach wie vor für 0 und „Zahl“ für 1.

Werfen Sie die Münze jetzt 10-mal. Und dann wieder 10-mal. Und wieder… Sie werden alle möglichen Folgen erhalten. Und irgendwann auch einmal die angegebene, aber die Wahrscheinlichkeit dafür ist sehr gering. Sie ist nämlich 2^{-10}, d. h. weniger als ein Tausendstel. Und wenn Sie eine alternierende Folge von *20* Nullen und Einsen durch zufälliges Werfen erhalten wollten, würden Sie im Schnitt mehr als eine Million Versuche benötigen, bei 100 Nullen oder Einsen schon 2^{100} usw. In diesem Sinne ist die gezeigte Folge also mit großer Wahrscheinlichkeit nicht zufällig, und wenn man sie länger und länger machen würde, könnte man *mit Sicherheit* davon ausgehen, dass sie geordnet ist.

Am anderen Ende denkbarer Folgen von Nullen und Einsen stehen naturgemäß die *zufälligen.* Betrachten Sie z. B. die Folge

1111111000011000010010000111101010011010100110101011011100001010111000111101001010111010010010010 00.

Nennen wir sie „Z“. Sie besteht aus 100 Ziffern, die ich durch wirkliches Werfen einer wirklichen Münze erhalten habe. Ich schwöre, sie ist zufällig! Sie können natürlich auch selbst eine Münze 100-mal werfen. Mit großer Sicherheit würden Sie eine andere Folge erhalten. Die Wahrscheinlichkeit jeder dieser Folgen beträgt 2^{-100}. Trotzdem haben sie alle eine Gemeinsamkeit: Sie sind frei von Korrelationen und damit auch frei von irgendwelchen bewusst erzeugten Strukturen! Mehr noch, in den meisten Folgen kommen Nullen und Einsen etwa gleich oft vor, ist doch deren Häufigkeit nach der Glockenkurve von Abschn. 2.1 verteilt. Und die hat bei 100 unabhängigen Ereignissen ein äußerst scharfes Maximum in der Mitte.

Wo aber steckt dann die Komplexität? Wann kann ich eine Folge als komplex bezeichnen? Ist vielleicht die Folge „Z" doch durch irgendeinen nicht-zufälligen Vorgang erzeugt worden? Nur dass wir den Mechanismus, die Formel dahinter nicht kennen oder nicht so leicht erkennen können? Geordnet kann man sie wohl kaum nennen. Ist sie aber auch wirklich zufällig?

Eine schwierige Frage … Zu Hilfe kommt uns zum Glück wieder die Frequenzanalyse: Wir fragen also, wie sehr Ziffern in einem gewissen Abstand voneinander übereinstimmen. Zunächst untersuchen wir das für benachbarte Ziffern. Dann für übernächste Nachbarn, dann für überübernächste usw. Für jede Übereinstimmung gibt es einen „Punkt" – einen Beitrag zur Korrelationsfunktion. Und wenn die Zahlen nicht übereinstimmen, gibt es einen Minuspunkt, einen Punkt Abzug.

Die meisten Punkte erhält jede Folge offenbar, wenn der Abstand der betrachteten Ziffern Null ist. Denn mit sich selbst stimmt jede Ziffer überein, egal ob es eine Null oder eine Eins ist. Betrachten wir jetzt die Korrelation mit dem nächsten Nachbarn: Für 1010101010… ist sie offenbar negativ, da ja keine zwei Nachbarn miteinander übereinstimmen. Dafür ist die Korrelation mit dem übernächsten Nachbarn positiv, dann folgt wieder eine negative usw. Die Korrelationsfunktion hat also eine Periodenlänge von 2, denn alle 2 Ziffern wiederholt sie sich identisch. Ich brauche also 2 Takte, um wieder dasselbe Signal zu erhalten, und die zugehörige Frequenz ist deshalb 1/2. Das ist völlig analog der Sinusschwingung aus Abb. 5.1, nur dass dort eine Schwingung eine 440-stel Sekunde gedauert hat und die zugehörige Frequenz deshalb 440 Hz betrug.

Wenn wir der Folge 1010101010… nun „Verunreinigungen" hinzufügen, werden wir – ebenfalls analog zu Abb. 5.1 – auch Beiträge anderer Frequenzen zum untersuchten Signal erhalten. Und je mehr wir uns von einer rein periodischen Schwingung entfernen, desto „breiter" wird das Spektrum, desto mehr Frequenzen treten auf.

Können wir es auf diese Weise vielleicht bis zu einer *komplexen* Folge bringen? Als komplex können wir dabei eine Folge bezeichnen, die Strukturen auf allen Skalen aufweist und deren Frequenzprofil möglichst nahe an einem 1/f-Spektrum liegt! Ein Beispiel dafür ist die Folge

0000000000000000000000110100100011110010000001111011
1011011111111111111111111111111111111110000000001000000

die wir mit „K" bezeichnen. Natürlich zeigt sie nur ein angenähertes 1/f-Verhalten. Bei 100 Zeichen sind die Fluktuationen in jeder konkreten Folge noch sehr deutlich ausgeprägt. Trotzdem ist der Unterschied sowohl zum Spektrum periodischer als auch zu dem zufälliger Folgen deutlich sichtbar. Abb. 5.6 illustriert dies für zwei periodische Folgen der Länge 100, für die Folge „K" und für den Mittelwert mehrerer zufälliger Folgen. Für letztere ergibt sich eine annähernde Gleichverteilung über alle Frequenzen – analog dem weißen Rauschen aus Abschn. 5.3.

Betrachten wir Folge „K" etwas näher: Zunächst fällt auf, dass sie viele Abschnitte kleiner Länge hat, aber auch einige

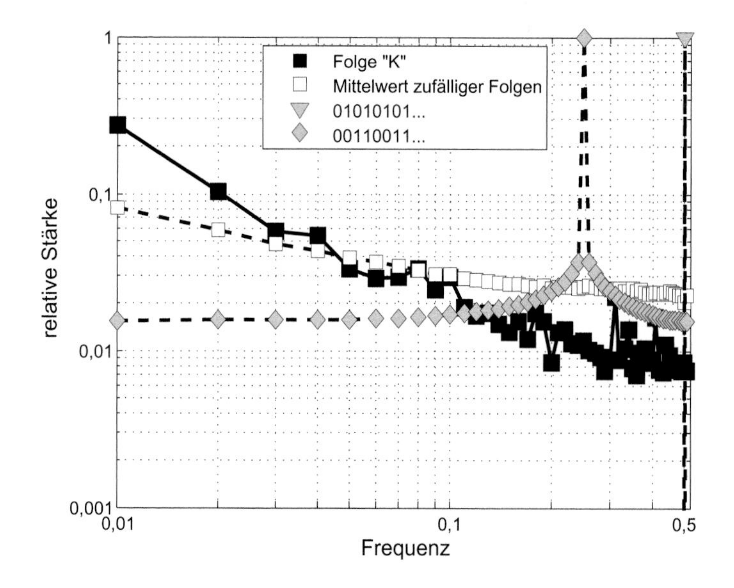

Abb. 5.6 Vergleich des Spektrums unterschiedlicher 0–1-Folgen. Die Folge „K" zeigt den deutlichsten Anstieg in Richtung tiefer Frequenzen – entsprechend dem für komplexe Systeme typischen 1/f-Verhalten

Tab. 5.2 Vergleich periodischer, komplexer und zufälliger Zahlenfolgen

Länge des Intervalls gleicher Ziffern	0101…01	00101…00101	Folge „K"	Mittelwert für zufällige Folgen
1	100	60	8	25
2	0	20	4	12,5
3		0	2	6,25
4			2	3,125
5			0	…
6			2	
7			0	
8			1	
…			0	
19			1	
…			0	
31			1	

sehr große – wie man es von einer Folge mit Strukturen auf allen Größenskalen erwarten sollte.

Auch die zufälligen Folgen weisen natürlich Strukturen auf allen Skalen auf – aber mit einer gänzlich anderen Verteilung (s. Tab. 5.2). Hat man nämlich schon eine gewisse Anzahl von beispielsweise Einsen in Folge, so beträgt die Wahrscheinlichkeit, dass auch die nächste Ziffer eine Eins ist, nur 1/2. Zwei Einsen folgen nur in 1/4 aller Fälle usw. Die Wahrscheinlichkeit, eine Folge von n gleichen Ziffern zu finden, fällt mit wachsendem n also sehr schnell – nämlich wie 2^{-n} ab.

Komplexe Folgen liegen damit zwischen Ordnung und Zufall und ihr Frequenzprofil kann als Maß für die Komplexität genommen werden. In Abb. 5.7 ist dies schematisch dargestellt.

Nun kann man Folgen mit 100 Ziffern schlichtweg unmöglich in einer 2-dimensionalen Abbildung anordnen. Das ginge allenfalls für solche mit 2 Ziffern: 00 kommt links unten hin, 01 rechts daneben, 10 über 00, und 11 über 01, fertig. Für 3 Ziffern

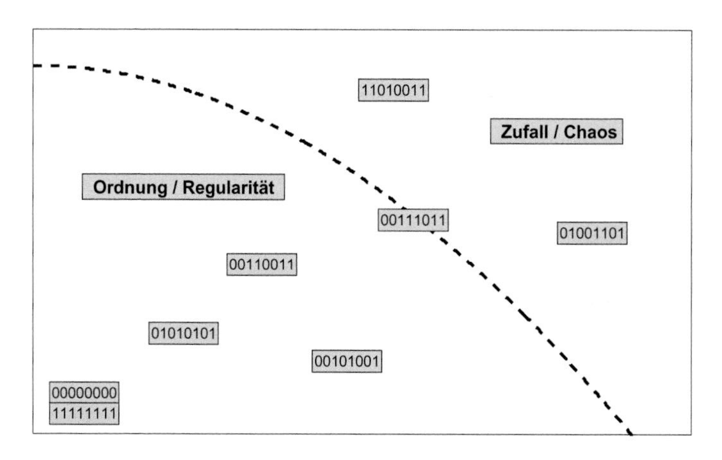

Abb. 5.7 Anordnung von 0-1-Folgen zwischen Ordnung und Zufall

würde man schon einen 3-dimensionalen Würfel benötigen: Auf jeder Ecke hätte dann eine der 8 möglichen Folgen, 000 bis 111 ihren Platz. Für 4 Ziffern würde man einen 4-dimensionalen Würfel brauchen, und für 100 Ziffern einen 100-dimensionalen – sehr unhandlich.

Wir werden deshalb in den nächsten beiden Kapiteln unser Komplexitätsmodell noch weiter vereinfachen und Systeme untersuchen, die in zwei oder gar in einer Dimension Platz haben. Sie werden sehen, die sind immer noch komplex genug.

> **Wichtig**
> Reguläre Prozesse (im Extremfall der völlig periodische Sinus) weisen im Frequenzspektrum ein deutlich ausgeprägtes Maximum auf. Dieses Maximum ist umso höher, je geordneter der zugrunde-liegende Prozess ist; Regularität steht also hier für Berechenbarkeit, Vorhersagbarkeit. Verhält sich das System hingegen im Laufe der Zeit völlig irregulär, haben wir es mit weißem Rauschen zu tun: Alle Frequenzen haben einen gleich hohen Anteil am Gesamtsignal.

Zwischen beiden Extremen liegen Systeme, die weder regulär noch völlig chaotisch sind. Sie weisen starke Korrelationen auf und folgen der charakteristischen 1/f-Frequenzverteilung. Im nächsten Kapitel werden wir sagen, sie liegen *am Rande des Chaos.*

Literatur

1. U Karrenberg: Signale – Prozesse – Systeme: eine multimediale und interaktive Einführung in die Signalverarbeitung. Springer Vieweg, Wiesbaden, 2016
2. P Bak: how nature works – the science of self-organized criticality. Copernicus Springer-Verlag, New York, 1999
3. https://de.finance.yahoo.com/quote/^GDAXI/history
4. https://www.westlotto.com/infoservice/nlth/downloads/downloads.html

Haarscharf am Abgrund: Komplexität und Chaos

6

Zusammenfassung

Nachdem wir in den vergangenen Kapiteln gezeigt haben, dass Komplexität an der Grenze zwischen periodischem, und damit regulärem Verhalten auf der einen Seite, und Zufall, d. h. Irregularität auf der anderen liegt, betrachten wir in diesem Kapitel, wieso es Systeme immer wieder in gefährliche Nähe zum Chaos treibt.

Wir untersuchen, auf welche Weise die Annäherung an den Chaosrand vor sich geht, und wir entdecken die Schönheit des Übergangsgebiets zwischen Regularität und Irregularität.

6.1 Komplexität zwischen Ordnung und Chaos

Sie kennen den Schmetterlingseffekt? Der Flügelschlag eines Schmetterlings in Südamerika kann einen Hurrikan auf der Nordhalbkugel auslösen. Geprägt hat diesen Satz der amerikanische Meteorologe Edward E. Lorenz beim Beobachten von – nein, nicht Schmetterlingen – Wettermodellen. Es war in den 1960er Jahren und Computer wurden zunehmend auf allen Wissensgebieten eingesetzt. Herr Lorenz hatte ein Programm zur Simulation der Wetterentwicklung geschrieben. Eines Abends hatte er eine Menge von Wetterdaten – Temperaturen,

F.-M. Dittes, *Komplexität,* Technik im Fokus,
https://doi.org/10.1007/978-3-662-63493-6_6

Druckverteilungen, Luftfeuchtigkeiten – eingegeben. Und am nächsten Morgen – die Computer waren damals noch sehr langsam – schaute er sich die Ergebnisse an. Am Abend gab er wieder Daten ein. Offenbar aus Versehen dieselben – denn warum sollte er zweimal das Gleiche rechnen lassen? Als er am nächsten Morgen wieder nach den Ergebnissen schaute, sah er zu seinem großen Erstaunen die Vorhersage eines ganz anderen Wetterverlaufs! Das beunruhigte ihn sehr. Er wiederholte die Rechnungen, begann zuerst an sich, dann am Computer zu zweifeln. Bis er eines Tages bemerkte, dass er am ersten Abend einen Startwert mit 6 Nachkommastellen Genauigkeit eingegeben hatte, also z. B. 0,506127. Und am anderen Abend bloß mit 3 Stellen, also 0,506. Und wenn er jetzt die Rechnungen mit den Werten des ersten Abends wiederholte, dann erhielt er auch immer das Ergebnis des ersten Abends. Und mit denen des zweiten – das des zweiten! Es lag nicht am Computer, und es lag nicht an ihm. Es lag an den Daten: Eine kleine Änderung eines Anfangswerts – hier um wenig mehr als ein Zehntausendstel – führte zu einem raschen Auseinanderlaufen der Vorhersagewerte!

Ähnliches haben wir ja auch bei den Sand-Lawinen beobachtet. Manchmal führte das Hinzufügen eines einzigen Sandkorns zu einer großen Lawine, häufiger zu mittelgroßen, aber am allerhäufigsten zu einem sehr kleinen oder zu gar keinem Effekt. Und auch beim Erdbebenmodell haben wir gesehen: Die Spannung einer Feder zu erhöhen, konnte katastrophale Folgen haben. Es kam aber auch vor, dass das System sie einfach wegsteckte – so wie das Wetter ja auch die meisten Schmetterlingsschläge wegsteckt. Zum Glück.

Die beschriebene feinfühlige Abhängigkeit des Systemverhaltens von Parametern, z. B. von Anfangs- oder Randbedingungen, ist ein sehr sonderbares Phänomen. Es erhielt darum auch einen sonderbaren, widersprüchlichen Namen: *deterministisches Chaos.* Das Wort „Chaos“ kommt aus dem Griechischen und hat mehrere Aspekte. Zum einen den der völligen Irregularität, Unregelmäßigkeit, der Unberechenbarkeit, Unvorhersagbarkeit des Systems, seiner quasi Zufälligkeit, der Instabilität jedes Zustands. Aber in vielen Kulturen auch den des Anfangs von allem: Die Bibel spricht von „tohu vavohu" – Tohuwabohu, drunter und drüber. In der Lutherischen Übertragung wurde daraus „wüst und leer", in neueren Übersetzungen „wüst und wirr". Schon davor hatten die alten Griechen das Chaos als den Ursprung aller Dinge angesehen: „Früher als alles entstand das Chaos, aber sodann ward Gaia …" [1]. Und allzu weit davon entfernt ist auch die moderne Kosmogonie nicht, die unser Universum neuerdings aus den Fluktuationen eines Ur-Vakuums entstehen lässt [2].

Wie auch immer – zufällig war offenbar das von Herrn Lorenz beobachtete Verhalten ganz und gar nicht. Es war ja vollständig reproduzierbar – er musste nur dieselben Werte eingeben. Es war vorhersagbar, *deterministisch*. Allerdings war es auch instabil, leicht störbar: Kleinste Änderungen des Startwerts führten zu großen Veränderungen des Ergebnisses. In genau diesem Sinne ging das Systemverhalten „drunter und drüber".

Deterministisches Chaos tritt in vielen uns umgebenden Systemen auf. Nehmen wir das beliebte Billardspiel: Durch das Anstoßen einer Kugel werden andere Kugeln in Bewegung versetzt – normalerweise mit dem Ziel diese „einzulochen". Jeder, der es einmal versucht hat, weiß: Kleinste Verschiebungen oder Verkantungen des Spielstocks führen zu völlig unbeabsichtigten Bewegungen der Kugel. Man trifft, oder man trifft nicht. Wir haben also hier genau die beschriebene sensible Abhängigkeit der Bewegung von den Anfangsbedingungen. Billard ist chaotisch – und zwar genau im Sinne des deterministischen Chaos. Das erkennt man schon an der idealisierten Variante, dem sogenannten Sinai-Billard – benannt nach dem 1935 geborenen sowjetischen Mathematiker Ya. G. Sinai, der die chaotischen Eigenschaften dieses Systems als erster untersucht hat. Das Sinai-Billard ist ein quadratisches Feld mit einem kreisrunden Hindernis in der Mitte. Eine als punktförmig angenommene Kugel kann sich auf dem Feld bewegen und wird dabei vom Feldrand und vom Hindernis reflektiert. Abb. 6.1a illustriert, dass eine kleine Verschiebung der anfänglichen Bewegung schon nach wenigen Reflexionen zur völligen Änderung der Bewegung führt. Die Mathematiker sprechen von einem *exponentiellen Auseinanderstreben* der Trajektorien – ein untrügliches Anzeichen chaotischen Verhaltens.

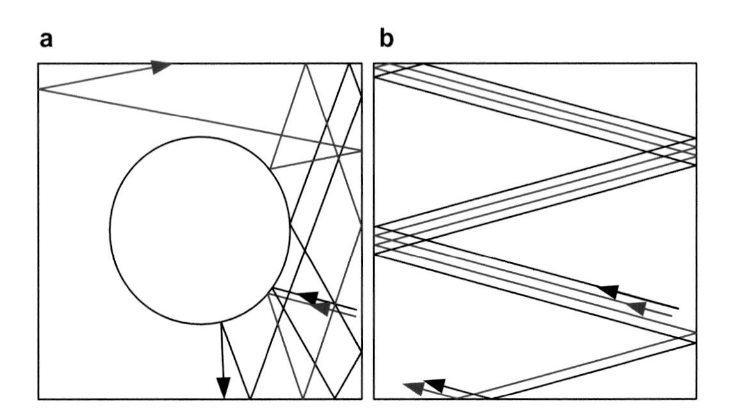

Abb. 6.1 Trajektorien im chaotischen (a) und regulären (b) Billard

▶ **Definition** Trajektorie: Bahnkurve, entlang der sich ein Objekt auf der Ebene oder im Raum bewegt.

Nun sind nicht alle Systeme auf der Welt chaotisch – auch wenn es manchmal den Anschein hat. Abb. 6.1b zeigt die Trajektorien von zwei benachbarten Kugeln nach Entfernung des Hindernisses. Die Kugeln können jetzt nur noch von den Wänden reflektiert werden (sie sind ja punktförmig, sodass ein Zusammenstoß der einen Kugel mit der anderen praktisch ausgeschlossen ist). Im Ergebnis bleiben Trajektorien, die am Anfang parallel zueinander waren, auf alle Zeit parallel. Und Trajektorien, die ursprünglich leicht verkantet waren, entfernen sich nur ganz langsam – die Mathematiker sagen: *linear* – voneinander. Das System ist geordnet, *regulär.*

Wo befinden sich in diesem Spannungsfeld zwischen Ordnung und Chaos nun aber die Wettersimulationen? Oder die Sandhaufen? Oder die Erdbeben?

Zum Glück heißt es ja im ersten Satz dieses Abschnitts „kann“: nicht jeder Schmetterling löst gleich einen Wirbelsturm aus. Manchmal ist das System in einem Zustand, der es über längere Zeit unempfindlich gegenüber kleinen Änderungen macht. Man redet dann auch von einer „stabilen Hochdrucklage“. In einer solchen Situation können die Schmetterlinge schlagen, wie sie wollen – es entsteht kein Hurrikan. Die Wetterfrösche freuen sich an solchen Tagen und sagen mit großer Bestimmtheit, wie das Wetter morgen sein wird: „keine großen Temperaturänderungen". Manchmal aber wird die Wetterlage instabil. Dann ändert sich das Wetter innerhalb von Stunden. Der Vorhersagehorizont und damit auch die Treffsicherheit sinken drastisch. In solchen Situationen ist es bis heute nicht möglich, ein Gewitter oder eben einen Hurrikan exakt vorherzusagen. Das liegt nicht etwa daran, dass die Computer zu langsam wären oder die Wettermodelle zu schlecht. Es liegt an der feinfühligen Abhängigkeit des Systemverhaltens von unzähligen Einflussgrößen, deren Werte wir nicht genau kennen. Und wahrscheinlich weiß der Schmetterling im brasilianischen Dschungel noch nicht einmal, welche Verantwortung in solchen Augenblicken auf ihm lastet.

▶ **Wichtig** Das Wetter – und damit das Computermodell von Herrn Lorenz – ist weder durchgehend regulär, noch ist es total chaotisch. Es befindet sich an der Grenze, im kritischen Übergangsgebiet zwischen beiden Zuständen. Es ist komplex.

6.2 Je oller, je doller: warum alles immer komplexer wird

Erinnern Sie sich noch an die Zeit, als ein Radio nur zwei (!) Knöpfe hatte? (Die jüngeren Leser werden es kaum glauben: Das gab es wirklich.) Einer war für die Senderwahl zuständig, der zweite für die Lautstärke. Eines Extra-Ein- und Ausschalters bedurfte es nicht, man konnte den Lautstärkeregler in die Position „aus" drehen.

Später kam ein Schalter für die Wahl der Wellenbereiche hinzu, ein Knopf für die Höhen- und einer für die Tiefenregelung. Daraus wurde dann der Equalizer mit mindestens sieben Schiebereglern entwickelt. Dann die Balance zwischen links und rechts für den Stereoeffekt. Später kam der

Dolby-Surround-Sound dazu, den man einstellen konnte. Dann, ganz wichtig, die Tasten für die Sendervoreinstellungen. Und die Schnittstellen: Buchsen für Kopfhörer, Zusatzlautsprecher, Computereingang usw. Dabei haben wir noch gar nichts über die Wiedergabemöglichkeiten anderer Medien geschrieben: Kassette, CD, DVD, BlueRay, mp3 und wie sie alle heißen.

Auch dem Auto erging es ähnlich. Wir haben in diesem Jahr sein 135-jähriges Jubiläum begangen. Zunächst recht einfach gebaut, wurde es im Laufe der Jahrzehnte immer mehr vervollkommnet. Zum ursprünglichen Aussehen (s. Abb. 6.2) kam nicht nur ein Dach und ein viertes Rad, auch bei Fahrkomfort und Sicherheit liegen Welten zwischen damals und heute. Die Komplexität des Autos hat sich ohne Zweifel drastisch erhöht: Der alte Benz war gerade einmal doppelt so schnell wie

Abb. 6.2 Erstes Automobil nach dem Patent von C. Benz 1886. (Foto: Aisano, https://commons.wikimedia.org/wiki/File:Benz-Patent-Motorwagen_1886,_2.jpg)

ein Fußgänger, heute sind für viele Modelle 200 km/h keine Grenze. Aus 0,9 PS sind inzwischen Dutzende, ja Hunderte kW geworden. Auch zur Erhöhung der Sicherheit wurden nach und nach immer mehr Komponenten eingeführt: Sicherheitsgurte, Antiblockiersysteme, Fahrerassistenzsysteme u. a. m. Ganz zu schweigen von den Fortschritten in den Materialeigenschaften und in der Konstruktion: Knautschzonen, Kopfstützen, Airbags. Aus *einem* Auto wurden Millionen, und auch das sich dadurch entwickelnde Verkehrssystem wurde immer komplexer: Verkehrsregeln, Ampeln, Leitplanken, Geschwindigkeitsbegrenzungen, Navigationssysteme usw. entstanden. Sie alle helfen, das System beherrschbar zu halten und die Zahl größerer Störungen zu begrenzen. Und in 10 Jahren sieht vermutlich vieles schon wieder anders aus: der Motor ist elektrisch, die Verkehrssteuerung satellitengestützt und der Fahrer ein Automat???

Oder nehmen Sie die Bahn. Es gab Zeiten, da hat der Schalterbeamte auf das Ansinnen „Einmal zweiter Klasse nach Berlin" einfach hinter sich gegriffen und ein kleines Pappkärtchen aus einem großen Regal geholt. Das war die Fahrkarte. Keine Rückfragen, ob man eine Bahncard hätte, und wenn ja, ob 25 oder 50 %. Ob es ein „Schönes Wochenendticket" sein soll, ob mit IC oder ICE, ob vorwärts oder rückwärts sitzend … Eine Fahrkarte war eine Fahrkarte war eine Fahrkarte.

Die Reihe der Beispiele ließe sich endlos fortsetzen. Einfach war die Welt. Ja, konnte es denn nicht so bleiben? Wie kommt es nur, dass viele Systeme, die anfangs ganz einfach waren, im Laufe der Zeit immer komplizierter, und – vor allem – auch komplexer werden? Haben große Systeme vielleicht die innewohnende Tendenz ihre Komplexität zu steigern?

Die Einsicht, dass hier eine Gesetzmäßigkeit großer Systeme vorliegt, wurde im Zuge der Komplexitätsforschung Anfang der 1990er Jahre formuliert. Einer der Pioniere auf diesem Gebiet war der US-Amerikaner Stuart Kauffman. Ursprünglich auf dem Gebiet der Evolutionsbiologie tätig, erkannte er, dass biologische Arten im Laufe der Zeit ihre Komplexität steigern. Das geschieht durch die Herausbildung immer raffinierterer Strukturen zur Bewältigung der Lebensfunktionen. Anfangs noch weitab von Komplexität und damit auch von kritischem Verhalten, streben sie mit schöner Regelmäßigkeit zu ihr hin. Man sagt, Komplexität bildet sich heraus, *emergiert.* Dieser „innere“ Drang zur Vervollkommnung spielt nach Kauffman eine zentrale Rolle in der Evolution und erweitert die Darwinschen Prinzipien von Mutation und Selektion [3].

Später übertrug Kauffman seine Ideen auch auf andere Systeme: von wirtschaftlichen über gesellschaftliche bis hin zur Komplexität des gesamten Universums [4, 5]. So weit wollen wir nicht gehen. Allerdings zeigen bereits die zu Beginn dieses Abschnitts angeführten Beispiele, dass anscheinend auch technische Systeme eine analoge Tendenz in Richtung steigender Komplexität aufweisen.

Dafür gibt es eine Reihe guter Gründe

1. Die Funktionalität der Systeme wird verbessert. Die oben beschriebene Entwicklung des Radios liefert hierfür ein gutes Beispiel: Höhen und Tiefen einstellen zu können, Anschlüsse für Zusatzlautsprecher vorzusehen usw. ist eine Entwicklung, die dem ursprünglichen Bestimmungszweck des Radios, Musik zu hören, zu mehr Qualität verhilft.
2. Systeme werden differenzierter und flexibler, damit sie einer differenzierten Realität besser entsprechen können. Produkthersteller versuchen z. B., auf verschiedene Nutzergruppen einzugehen und sie umfassend zu bedienen – möglichst viele Schnittstellen an unserem Radio sind eine der Folgen. Ein anderes Beispiel fiel mir unlängst auf, als ich über die Internetseite der Deutschen Bahn Fahrkarten kaufen wollte und dabei eine wundersame Vermehrung in der Auswahl der Bahncard-Optionen feststellte. Wo es früher nur Bahncard 25 oder 50 auszuwählen gab, sind jetzt hinzugekommen – die A-VORTEILScard (incl. RAILPLUS), –das CH-General-Abonnement, – das CH-HalbtaxAbo (incl. RAILPLUS), – das CH-HalbtaxAbo (ohne RAILPLUS), – das NL-Voordeelurenabo (incl. RAILPLUS) und natürlich auch – das NL-Voordeelurenabo (ohne RAILPLUS). Die Nutzer in oder aus Österreich, der Schweiz oder den Niederlanden wird das freuen. Für Millionen deutscher Bahnkunden ist es allerdings

eher eine „Verschlimmbesserung“, die ihren gewohnten Kaufprozess ein kleines bisschen verlangsamt.

3. Systeme werden mit immer *mehr* Funktionalitäten „aufgerüstet“. Das kann geschehen mit dem Ziel breitere Käuferschichten anzusprechen, passiert aber in erster Linie im Zuge des Wettbewerbs mit anderen Anbietern: Nachdem Apple Computer mit einer grafischen Benutzeroberfläche auf den Markt gebracht hatte, musste auch Microsoft nachziehen. Nachdem ein Fernseher erstmalig mit einem Videorekorder gekoppelt wurde, mussten bald auch alle anderen Fernseher diese Fähigkeit anbieten. Dieser Wettlauf wird von den Komplexitätsforschern *Red Queen Effect* genannt – nach der Königin, die in Lewis Carrolls Spiegelland zu Alice sagte: „Hierzulande musst du so schnell rennen, wie du kannst, wenn du am gleichen Fleck bleiben willst. Und nochmal doppelt so schnell, wenn Du irgendwo anders hingelangen möchtest!“ [6].
4. Verschiedenartige Systeme werden miteinander verflochten. Ein Beispiel ist die Verknüpfung von Energie- und Informationsnetz im Zuge der Energiewende. Neben der Orientierung auf erneuerbare Energien ist dabei ein wichtiger Baustein die Kopplung von Erzeugung und Verbrauch: Intelligente Endgeräte sollen bevorzugt dann betrieben werden, wenn eine hohe Einspeisung oder ein niedriger Gesamtverbrauch vorliegt. Als Beispiel kann die Waschmaschine dienen, die sich in Zeiten hohen Solar- oder Windkraftaufkommens anschaltet. In der umgekehrten Richtung sollen auch die Energieerzeuger mit umfassenden Informationen über die Endverbraucher versorgt werden, um passgenau Einspeisungen in die verschiedenen Netzebenen vornehmen zu können. Im Idealfall wird dafür eine viertelstunden- oder gar minutengenaue Aufzeichnung des Verhaltens jedes Endgeräts benötigt. Allein die IT-Infrastruktur für die benötigte Datenübertragung und -verarbeitung ist gewaltig und erhöht die Komplexität des Gesamtsystems beträchtlich, ganz zu schweigen vom immer gläserner werdenden Verbraucher, der so zum Rädchen in einem großen Getriebe degradiert wird.

Letztlich geht es in jedem Fall um Wachstum: Um das Erreichen neuer Käuferschichten, um das Erobern neuer Märkte, um das Verdrängen von Konkurrenten. Wachstum geht anfangs mit einem Gewinn sowohl für den Hersteller – durch wachsenden Profit – als auch für den Nutzer – z. B. durch gesteigerte Gebrauchsfähigkeit – einher. Die Erhöhung der Komplexität des Systems ist eine Methode, um dieses Wachstum zu erreichen.

Wo Licht ist, gibt es aber gewöhnlich auch Schatten. Wenn also die Entwicklung der Komplexität so positiv ist, wo liegt dann deren Kehrseite? Sie liegt in der *Über*-Steigerung der Komplexität.

Das ist am Beispiel des Handys schön zu sehen – einer bahnbrechenden Erfindung der 1980er Jahre, die ursprünglich zum Telefonieren gedacht war. Weiter und weiter entwickelt, tritt es uns heute als Smartphone entgegen, versehen mit Dutzenden Funktionen, die ich mir selbst aus Hunderttausenden Apps zusammenstellen kann. Die Funktion des Telefonierens gerät dabei immer mehr in den Hintergrund. Schon muss ich auf manche Funktionen wie Schnellwahltasten oder automatische Wahlwiederholung, die mir am guten alten Telefon das Leben erleichtert haben, verzichten. Ganz zu schweigen von der gestiegenen Zahl von Klicks, die erforderlich sind, um überhaupt bis zur Telefonfunktion vorzudringen. Universalität steht gegen Spezialisierung des Systems. Die Handy-Revolution frisst ihre Kinder.

Im nichttechnischen Bereich kann das bundesdeutsche Steuersystem als Beispiel dienen. Über Jahrzehnte gewachsen, unterlag es einem ständigen Differenzierungsprozess, um einer dynamisch wachsenden Gesellschaft Rechnung tragen zu können. Neue Regeln wurden eingeführt, alte angepasst und verfeinert. Dabei war die Steuergerechtigkeit ein wichtiges Ziel: die Steuer soll sich bekanntlich an der Leistungsfähigkeit des Steuerzahlers orientieren und die Umstände und Besonderheiten seiner Existenz möglichst realistisch abbilden. Im Ergebnis dieser Entwicklung ist allerdings ein wahres Steuerdickicht entstanden, dessen Undurchdringlichkeit nicht nur den gewöhnlichen Steuerbürger oft vor große Rätsel stellt.

Oder um auf den Fahrkartenkauf zurückzukommen: Nicht, dass ich etwas gegen die internationale Verflechtung der Deutschen Bahn oder gegen das niederländische Voordeelurenabo hätte. Aber an diesem einfachen Beispiel offenbart sich sehr schön die Kehrseite des Strebens nach Universalität: Wer allen etwas bieten muss, wird letztlich keinen mehr zufrieden stellen. Ein System, das allen Eventualitäten gerecht werden will, wird „über-komplex".

Es gibt also eine optimale Komplexität. Wo diese liegt, hängt von der Art des Geräts wie auch von der des Nutzers ab. Einem A-380-Piloten ist es sicher zuzumuten, Dutzende Anzeigen im Cockpit zu verfolgen. Das entspricht der gewaltigen Komplexität dieses Fluggeräts. Als ich jedoch unlängst meiner Mutter einen Radiowecker schenken wollte, meinte sie: „Er darf aber höchstens *einen* Knopf haben, alles andere ist mir zu kompliziert." Nun, er hatte einen Knopf, aber welche Komplexität war hinter diesem versteckt! Drückte man ihn einmal kurz, konnte man die Stunden einstellen, zweimal – die Minuten usw. Um einzustellen, an welchen Wochentagen er klingeln sollte, musste man 3 s lang drücken – ganz zu schweigen von den Fähigkeiten, die nach 6 oder gar 9 s Drücken zum Vorschein kamen…

Die Vervollkommnung des Systems, seine steigende Komplexität kann also offenbar auch übertrieben werden. Das System kann undurchdringlich, unbeherrschbar, instabil werden – hinter der gestiegenen Komplexität lauert das Chaos.

> **Wichtig** Systeme streben zu wachsender Komplexität. Sie optimieren dabei ihre Eigenschaften, laufen aber Gefahr, ins Chaos abzugleiten.

Versuchen wir, die Art und Weise dieses Strebens zum Chaosrand anhand eines Modells quantitativ zu fassen. Es ist das einfachste denkbare Wachstumsmodell. Und weist doch schon eine ungeahnte Komplexität auf!

6.3 Wie die Lemminge: ein Wachstumsmodell

Zusammenfassung
Der Übergang von regulärem zu chaotischem Verhalten kann anhand eines einfachen Modells illustriert werden: der *logistischen Abbildung*. Wir werden zeigen, wie die Wachstumsgeschwindigkeit eines Systems dessen Komplexität direkt beeinflusst und wieso sich Systeme in Richtung Chaos bewegen.

Im vorigen Abschnitt hatten wir als zentralen Begriff das *Wachstum* eines Systems herauskristallisiert. Das kann ein rein *quantitatives* Wachstum sein, also die reine Anzahl, oder eine *qualitative* Verbesserung wie die Hinzunahme neuer Funktionen. Jeder Wachstumsprozess beginnt dabei ganz unscheinbar. Das System entwickelt sich, und erst nach und nach zeigt sich, dass diese Entwicklung nicht endlos weitergehen kann. Probleme stellen sich ein, Konflikte zwischen verschiedenen Interessen treten auf, Ressourcen werden knapp usw.

Zur Illustration des Wechselspiels von Wachstum und Ressourcenverbrauch bedient sich die Komplexitätsforschung eines klassischen Modells, der sogenannten *logistischen Abbildung.*

Nehmen wir an, die Größe des Systems sei durch eine einzige Zahl beschreibbar, nennen wir sie L. Das kann das Bruttoinlandsprodukt (BIP) einer Volkswirtschaft sein, oder die Größe einer Bakterienkolonie. Als Startwert nehmen wir irgendeinen Wert L_0 an. Wir lassen das System nun wachsen und messen nach einer gewissen Zeitspanne – für das BIP kann das ein Jahr sein, für die Bakterienkolonie eine Stunde – wieder seine Größe. Nennen wir sie L_1. Wachsen heißt, dass L_1 größer ist als L_0. Wir können also schreiben: $L_1 = r \cdot L_0$, wobei r irgendeine Zahl größer als 1 ist. Für das BIP liegt r meistens zwischen 1,0 und 1,03 pro Jahr – letzteres heißt ja 3 % Wachstum, und das ist hierzulande schon viel! Nun lassen wir das System einen weiteren Zeittakt lang wachsen. Und wenn es mit derselben Geschwindigkeit wie im ersten Takt wächst, ergibt sich seine Größe danach offenbar zu $L_2 = r \cdot L_1$. Analog gilt für den 3. Takt $L_3 = r \cdot L_2$ usw. – generell also $L_{n+1} = r \cdot L_n$.

Wir haben allerdings bisher völlig vergessen, dass es eine *Gegenkraft* gibt: dass die Probleme unseres Systems mit wachsender Größe steigen, dass die Gefahr von Rückschlägen zunimmt, dass es seine Ressourcen aufbraucht, dass es nichts mehr exportieren kann usw. Diese Gegenkraft ist am Anfang noch recht klein. Je mehr das System aber an seine Grenzen stößt, je mehr es die verfügbaren Ressourcen aufbraucht, desto stärker überwiegen die Nachteile des Wachstums. Wir müssen zu unserem Gesetz also einen Term hinzufügen, der das Systemwachstum bremst. Und zwar so, dass er für kleine L kaum spürbar ist, aber mit wachsendem L immer stärker wird.

Wie man das machen kann, hat Marcus du Sautoy unlängst anschaulich beschrieben [7]: Nehmen wir an, L beschreibe eine Anzahl Lemminge – und seien die Ressourcen so, dass höchstens eine gewisse Zahl Lemminge, N, davon ernährt werden kann.

Wir starten mit zwei Lemmingen, die sich anfangs fröhlich vermehren, der Vermehrungsfaktor r kann dabei 2, 3 oder gar 4 sein. Aber da das Futterreservoir endlich ist, sinken die Überlebenschancen jedes einzelnen Lemmings mit steigender Größe der Population. Ihr Wachstum wird also nicht allein durch den Vermehrungsfaktor r bestimmt. Vielmehr wird dieser immer mehr abgeschwächt, je mehr sich die Populationsgröße der maximal möglichen Zahl von Individuen, die ernährt werden können, nähert. Das kann durch einen zusätzlichen Faktor, $1-L/N$, ausgedrückt werden. Das Wachstumsgesetz nimmt dadurch die Form $L_{n+1}=r \cdot L_n \cdot (1-L_n/N)$ an – was gern unter Verwendung der *relativen* Populationsgröße, $x=L/N$, geschrieben wird als

$$x_{n+1} = r \cdot x_n \cdot (1 - x_n)$$

Dieses Gesetz wurde erstmals vom belgischen Mathematiker Pierre-Francois Verhulst 1838 bei der Beschreibung demografischer Prozesse aufgestellt und erhielt den Namen *logistische Gleichung* oder *logistische Abbildung.* Sie beschreibt, ungeachtet ihrer Einfachheit, Entwicklungsprozesse vieler verschiedener Systeme.

Betrachten wir sie etwas näher und unterstellen wir zunächst ein moderates Wachstum. In Abb. 6.3a ist die resultierende Entwicklung für zwei Werte von r – 1,5 und 2,5 – aufgetragen. Nach einer kurzen Einschwingphase stellt sich in beiden Fällen ein stabiler Zustand ein. Die Systemgröße erreicht dabei für $r = 1{,}5$ ein Drittel, für $r = 2{,}5$ aber bereits 60 % ihres potenziellen Maximums, d. h. der größtmöglichen Population. Je schneller sich die Population vermehrt, desto größer kann sie werden – verführerisch, nicht wahr?

Versuchen wir also, r weiter zu erhöhen. Klar, das wird nicht endlos gehen, wir können ja schließlich nicht alle Ressourcen

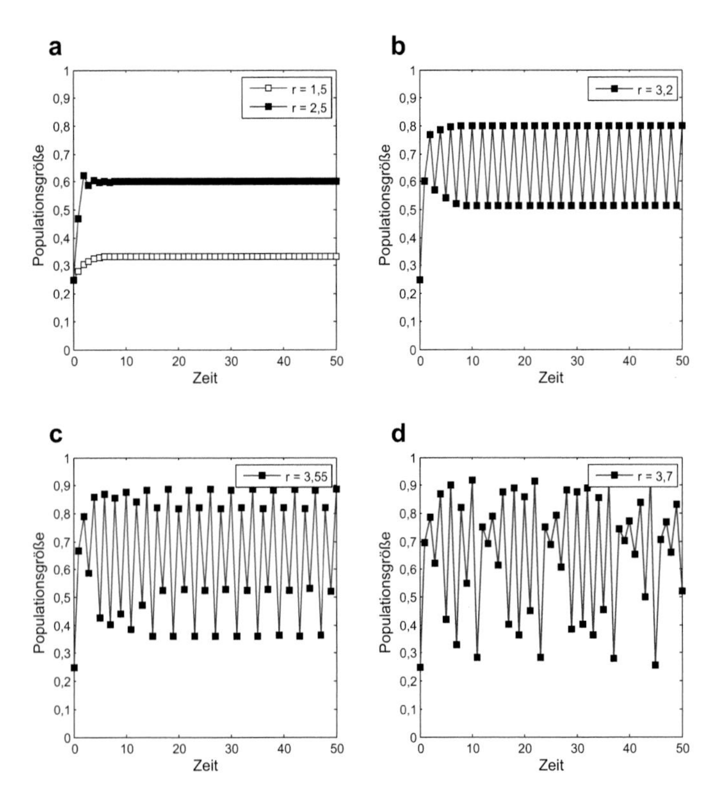

Abb. 6.3 Entwicklung von Populationsgrößen nach der logistischen Abbildung für verschiedene Werte des Vermehrungsfaktors r

aufbrauchen. Aber die Endlichkeit der Ressourcen wird sich schon melden, und es wird sich doch wohl ein *Gleichgewicht* zwischen dem Drang des Systems nach Wachstum und den Gegenkräften, den Kehrseiten des Wachstums, einstellen.

Die Wahrheit ist: Mitnichten! Die Endlichkeit der Ressourcen macht sich bemerkbar, aber ganz anders als wir das gerade erwartet haben: In Abb. 6.3b–d ist das Verhalten des Systems als Funktion der Zeit für größere Werte von r dargestellt. Beginnend mit $r=3$ ändert sich das Systemverhalten schlagartig: Beim Versuch weiter zu wachsen, wird die Population buchstäblich immer wieder zurückgeworfen: Anstelle eines stabilen Zustands stellen sich zunächst 2 (Abb. 6.3b), dann 4 (Abb. 6.3c), später 8 usw. Zustände ein, zwischen denen das System hin und her pendelt. Ab $r \approx 3{,}569934\ldots$ findet sich schließlich gar keine charakteristische Populationsgröße mehr – das System versinkt im Chaos: seine Größe schwankt unregelmäßig zwischen verschiedenen Werten hin und her.

Die Menge der Zustände, die das System nach Abklingen der Einschwingphase einnimmt, ist in Abb. 6.4a zusammenfassend dargestellt. Diese Darstellung wird als *Feigenbaum-Diagramm* bezeichnet, benannt nach dem US-amerikanischen Physiker und Chaos-Forscher M. Feigenbaum, der in den 1970er Jahren die Gesetzmäßigkeiten der logistischen Abbildung untersuchte. Feigenbaum zeigte auch, dass das beobachtete Verhalten nicht nur für diese konkrete Form der Gleichung auftritt, sondern universellen Charakter hat. Als wichtigste Zutat für den Erhalt eines nicht-trivialen Verhaltens erweist sich dabei die *Nichtlinearität* der Gleichung – in der logistischen Abbildung also die *quadratische* Abhängigkeit von x_n, die zur Vielfalt der beschriebenen Verhaltensmuster führt.

Der Übergang von Ordnung zu Chaos ist dabei durch *Selbstähnlichkeit* gekennzeichnet: die typischen „Gabelungen“ wiederholen sich in ähnlicher Form auf allen Größenskalen(s. Abb. 6.4b, c) – es gibt für sie keine charakteristische Skala. Wir haben es also mit Strukturen auf allen Skalen zu tun, dem typischen Anzeichen für Komplexität. Und wir sehen wieder, dass unmittelbar hinter der Komplexität das Chaos beginnt!

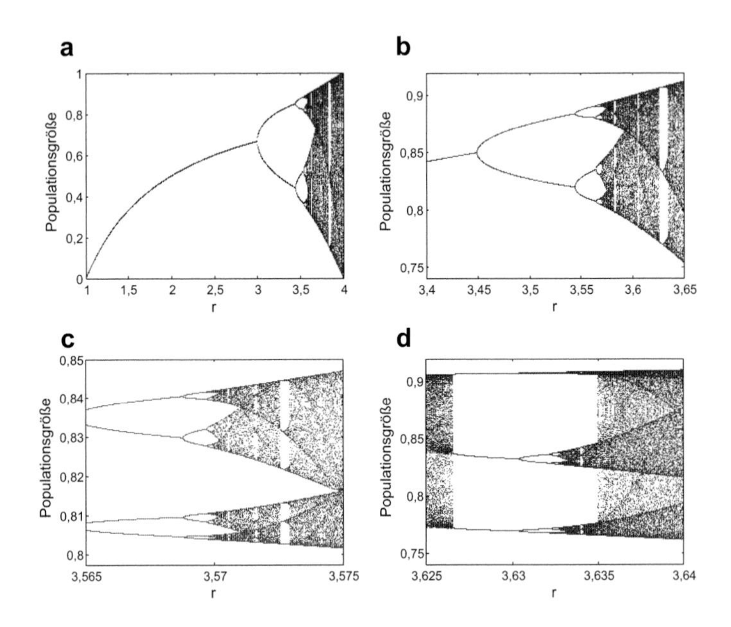

Abb. 6.4 Feigenbaum-Diagramm. Dargestellt sind die Populationsgrößen, die von der logistischen Abbildung vorhergesagt werden, in verschiedenen Bereichen des Vermehrungsfaktors *r*. Bei beliebiger Vergrößerung zeigen sich gleichartige Strukturen

Wieso kommt es dann aber immer wieder zum Wachstum um jeden Preis? Schauen wir uns dazu an, was passiert, wenn es nicht nur Lemminge gibt, die um ein endliches Nahrungsangebot streiten, sondern noch eine zweite Art – sagen wir, Schneehasen. Wieder soll es eine maximal zulässige Anzahl von Tieren geben. Wir brauchen jetzt zwei Symbole für die Vermehrungsraten: *r* sei die der Lemminge und *s* die der Schneehasen. Jede Art vermehrt sich unabhängig von der anderen, die *Aussterberate* ist allerdings durch die *Gesamtzahl* der Tiere bestimmt – das vorhandene Nahrungsangebot wird ja durch *beide* Arten aufgezehrt. Statt mit *einer* logistischen Abbildung haben wir es also jetzt mit zwei zu tun, und diese beiden sind durch die Endlichkeit des Nahrungsreservoirs miteinander gekoppelt.

Die Kopplung der Arten hat erstaunliche Konsequenzen: Wenn ihre Vermehrungsraten gleich sind, werden beide Arten mehr oder weniger friedlich nebeneinanderher existieren. Auch

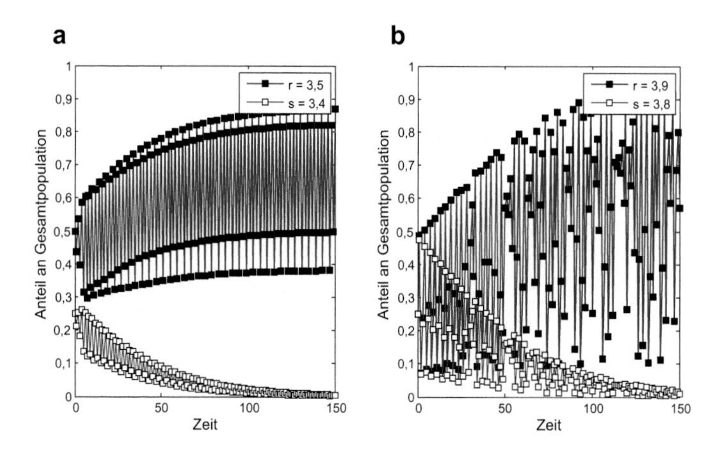

Abb. 6.5 Entwicklung von Populationsgrößen nach der logistischen Abbildung mit zwei konkurrierenden Populationen

das Verhältnis der Anzahl von Lemmingen zu Schneehasen wird sich dann im Laufe der Zeit nicht verändern. Aber wehe, eine Art vermehrt sich schneller als die andere. Unabhängig davon, ob die Vermehrungsrate im stabilen oder im instabilen Bereich liegt: diese Art wird dominieren, die andere stirbt aus! Abb. 6.5 illustriert das an zwei Beispielen. Egal, wie groß die Fluktuationen sind, in die sich die Arten begeben – die schneller wachsende gewinnt – zumindest solange sie nicht selbst an ihrer Instabilität zugrunde geht.

Die an diesem Modell aufgezeigte Tendenz zum Wachstum um jeden Preis ist denn auch in vielen Bereichen des Lebens zu beobachten: Firmen expandieren in neue Märkte, verschmelzen usw. – getreu dem Motto „Fressen oder gefressen werden". Technische Produkte vereinen ihre Fähigkeiten: der Fernseher übernimmt immer mehr Funktionen des Computers, das Auto wird zur fahrenden Internetplattform. Überall entwickeln sich „eierlegende Wollmilchsäue" – und am Schluss sollen sie auch noch fliegen können. Und die Bahn? Sie macht aus Bahnhöfen Einkaufszentren, verbindet den Kauf der Fahrkarte mit der Möglichkeit einen Mietwagen zu reservieren oder einen Urlaubsplatz zu buchen. Fehlt bloß noch der Wellnessbereich oder die Partnervermittlung …

Wichtig

Das Streben nach Wachstum ist durch die Konkurrenz verschiedener Systeme um ein und dieselben Ressourcen bedingt – das schneller wachsende System behält dabei die Oberhand.

Nachhaltiges Wachstum ist allerdings nur bei moderaten Wachstumsraten möglich. Bei größeren erleben wir einen immer wiederkehrenden Zusammenbruch des Systems. Und für noch größere Wachstumsraten versinkt das System – fast immer – im Chaos! Die Zunahme der erreichbaren Größe des Systems wird durch die rasant wachsende Instabilität mehr als infrage gestellt. Ein solches Verhalten hatten wir bereits in Abschn. 2.4 kennengelernt. Damals war es das „Kettenreaktionsspiel", das in der Nähe des kritischen Punktes ungeahnte Gewinne versprach – wenn auch um den Preis einer alles übersteigenden Fluktuationsrate.

Es muss also einen optimalen Zustand komplexer Systeme geben, der Stabilität und Entwicklungsmöglichkeit vereint. Dieser liegt *am Rande zum Chaos* – wir kommen darauf in Abschn. 6.5 zu sprechen.

6.4 Strukturen auf allen Skalen: die Schönheit der Kante

Zusammenfassung

Im vorigen Kapitel hatten wir gesehen, wie in der logistischen Abbildung ein Übergang von stabilem zu instabilem Verhalten des Systems auftrat. Dazu musste lediglich ein Parameter, die Vermehrungsrate r, ihre Größe leicht ändern. Sobald r den Wert 3 überschritt, verließ das System die Zone der Stabilität. Die Population strebte danach nicht mehr zu einem festen Grenzwert, sondern betrat das Übergangsgebiet zum Chaos. Die Instabilität nahm zu, selbstähnliche Strukturen auf allen Skalen zeigten sich, und bei $r = 3{,}5699\ldots$ trat schließlich chaotisches Verhalten auf.

Das Übergangsgebiet Ordnung$\rightarrow$Chaos ist also reich an Strukturen. Diesen Strukturen wohnt eine tiefe Schönheit inne, die wir im Folgenden näher betrachten. Wir benötigen dazu eine Verallgemeinerung der logistischen Abbildung, nämlich die Gleichung

$$z_{n+1} = z_n^2 + c$$

Diese Beziehung weist auf der rechten Seite eine *quadratische* Abhängigkeit von z auf – genauso wie die logistische Gleichung quadratisch von x abhing. Sie kann daher auch aus der logistischen Gleichung abgeleitet werden – dem geneigten Leser bleibt es überlassen, den konkreten Zusammenhang aufzuschreiben.

Allerdings wollen wir von nun an die Variable z nicht mehr als einfache Zahl auffassen, sondern als *Paar* zweier Zahlen – als *komplexe Zahl!* Komplexe Zahlen gehen auf das frühe 16. Jahrhundert zurück, als der italienische Gelehrte Gerolamo Cardano versuchte, die Wurzel aus negativen Zahlen zu ziehen. Es dauerte Jahrhunderte, bis sich die Mathematiker daran gewöhnt hatten, mit solchen Größen zu arbeiten. Erst im 18. Jahrhundert führte Leonhard Euler das Symbol i für die „imaginäre Einheit" $\sqrt{-1}$ ein und begründete damit die Theorie der „zusammengesetzten", eben der komplexen, Zahlen $a+i \cdot b$, die *zwei* Komponenten, den *Realteil a* und den *Imaginärteil b,* haben. Man kann sich jede komplexe Zahl als einen Punkt auf einem Blatt Papier vorstellen, der sogenannten *komplexen Ebene.* Dabei wird in horizontaler Richtung der Realteil aufgetragen, und vertikal der Imaginärteil. Dass Euler dafür den Begriff „komplexe Zahl" geprägt hat, muss im Lichte unseres Themas als außerordentlich glückliche Fügung betrachtet werden. Denn nichts illustriert die Eigenschaften komplexer Systeme so unmittelbar wie die komplexen Zahlen!

Betrachten wir unsere „umgeschriebene" logistische Gleichung etwas näher. Wir brauchen dafür zunächst einen Startpunkt z_0, z. B. den Nullpunkt: $z_0 = 0$. Wenn wir jetzt – wie oben beschrieben – jedes z durch einen Punkt in der komplexen Ebene repräsentieren, beschreibt die Gleichung eine „Wanderung“ durch diese Ebene: von z_0 kommen wir zu z_1, dann zu z_2, dann zu z_3 usw. Ist c beispielsweise gleich 0, bleiben wir immer auf dem Nullpunkt stehen, bei $c = -1$ erhalten wir $z_0 = 0$, $z_1 = 0^2 - 1 = -1$, $z_2 = (-1)^2 - 1 = 0$ usw. – wir springen also zwischen 0 und -1 hin und her. Bei $c = 1$ ergibt sich $z_0 = 0$, $z_1 = 0^2 + 1 = 1$, $z_2 = 1^2 + 1 = 2$, $z_3 = 2^2 + 1 = 5$, $z_4 = 5^2 + 1 = 26$ usw., die Werte wachsen also unbegrenzt an. Das Verhalten der Folge hängt offenbar von c ab! Dabei gibt es Werte des Parameters c, für die die Folge der z_n in einem endlichen Bereich bleibt und solche, für die sie gegen unendlich strebt. Das Verhalten der Folge ist also entweder *stabil* – wie für $c = 0$ oder $c = -1$ – oder *instabil* – wie für $c = 1$. Das ist eine Verallgemeinerung des Verhaltens der logistischen Abbildung aus Abschn. 6.3, bei der das System für bestimmte Vermehrungsraten r zu einer stabilen Population geführt wurde, während für andere Raten ein chaotisches Verhalten auftrat.

Untersuchen wir also, für welche Werte von c unsere „komplexe Gleichung“ stabiles Verhalten zeigt, und wie die Grenze zwischen Stabilität und Instabilität aussieht. Abb. 6.6a zeigt in blau das gesamte Stabilitätsgebiet. Ein sonderbares Gebilde, das wegen seiner Form gern als „Apfelmännchen“ bezeichnet wird – die Mathematiker sprechen zu Ehren seines Entdeckers von der *Mandelbrot-Menge* [8]. Zunächst fällt auf, dass es in horizontaler Richtung unsymmetrisch ist. Das verwundert nicht, da bereits unsere obigen Beispiele gezeigt haben, dass $c = +1$ zum instabilen Gebiet gehört, $c = -1$ aber zum stabilen (sogar $c = -2$ gehört noch dazu, überzeugen Sie sich selbst). Aber sehen Sie sich die *Grenze* zwischen Stabilität und Instabilität an! Als Grenz*linie* kann man sie wohl kaum bezeichnen! Es sieht so aus, als würden auf der Grenze lauter kleine Apfelmännchen wachsen, und auf diesen wiederum noch kleinere usw. usf. Und es sieht nicht nur so aus, es ist wirklich so – Abb. 6.6b–d zeigen Ausschnitte aus dem Grenzgebiet in 10-, 100- und 1000-facher Vergrößerung – die Farben außerhalb des Stabilitätsgebiets geben dabei an, *wie schnell* die Folge der z-Werte gegen unendlich strebt, wie instabil das System also ist.

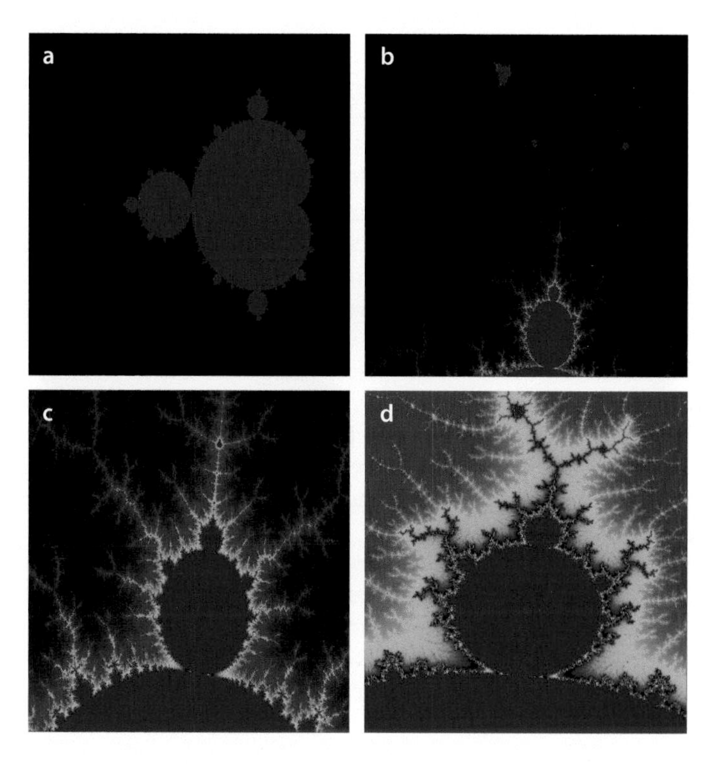

Abb. 6.6 Mandelbrot-Menge in unterschiedlicher Detailauflösung (Abbildung: Tobias Eckart und Jan Reichow)

Die Apfelmännchen nehmen gar kein Ende, die Grenze zeigt *Strukturen auf allen Skalen.* Die Mathematiker nennen solche sonderbaren Gebilde *Fraktale.*

Mandelbrot beobachtete, dass viele Grenzen fraktal sind: Wolken, Uferlinien, Schneeflocken. Sie alle weisen Strukturen auf allen Skalen auf, die mehr oder weniger selbstähnlich sind. Natürlich ist „auf allen Skalen" für reale Systeme immer nur in gewissen Bereichen gemeint. Die größte Skala eines Wolkenrands ist durch die Größe der Wolke gegeben, die kleinste Struktur einer Schneeflocke durch die der Wassermoleküle. Wenn aber die beschriebene Strukturierung über mehrere

Größenordnungen zu verfolgen ist, können wir mit gutem Gewissen von einem Fraktal sprechen. Fraktale gibt es natürlich auch außerhalb der Grenze Ordnung – Chaos; zwei Beispiele dafür sind im Anhang, Abschn. 11.3 beschrieben.

Fraktale können eine Schönheit aufweisen, die uns unmittelbar berührt – vielleicht deshalb, weil die Welt fraktal ist. Abb. 6.6 offenbart dies ansatzweise; zahllose Vergrößerungen ausgewählter Randbereiche sind in der Literatur zu finden [8]. Von fragiler Schönheit sind auch die der Mandelbrot-Menge verwandten *Julia-Mengen,* benannt nach dem französischen Mathematiker G. M. Julia, der Anfang des 20. Jahrhunderts Untersuchungen dazu anstellte. Sie markieren den Rand des Stabilitätsgebiets, aufgetragen diesmal aber nicht als Funktion des Parameters c, sondern für ein konkretes c in Abhängigkeit vom Startpunkt der „Wanderung", d. h. von z_0. Zwei Beispiele sind in Abb. 6.7 dargestellt.

Mit den Fraktalen verhält es sich übrigens ähnlich wie mit den Potenzgesetzen: Sobald man sie einmal erkannt hat, findet man sie überall wieder: in Wolken, in Bäumen, in Schneeflocken – ja sogar der gewöhnliche Romanesco ist selbstähnlich mit seinen Röschen auf allen Skalen …

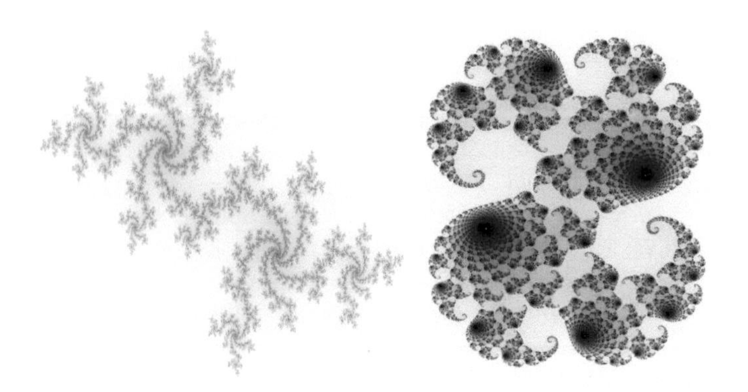

Abb. 6.7 Julia-Mengen für 2 verschiedene Werte des Startpunkts (Abbildung: Tobias Eckart und Jan Reichow)

6.5 Edge of chaos: die ultimative Komplexität

Zusammenfassung
Was haben die Betrachtungen des vorangegangenen Abschnitts nun mit Komplexität zu tun? Die dort vorgestellten Strukturen liegen zwischen Ordnung und Chaos, zwischen Stabilität und Instabilität. In Kap. 2 hatten wir an dieser Grenze das kritische Verhalten eines Systems gefunden, in Kap. 3 betont, dass Strukturen auf allen Skalen ein wesentliches Kennzeichen von Komplexität sind. Kap. 4 schließlich hat eine Reihe von Modellen vorgestellt, die Systeme im kritischen Punkt beschreiben. In den vorangegangenen Abschnitten haben wir dann über den kritischen Punkt hinausgeschaut und gesehen, dass sein Überschreiten zur Instabilität des Systems führt. Aber *auf den kritischen Punkt gebracht,* erreichen Systeme gerade ihre maximale Komplexität.

In Abschn. 6.2 hatten wir illustriert, dass die Erhöhung der Komplexität mit einer Reihe von Vorteilen für das System verbunden ist; insbesondere die Verbesserung von Funktionalität und Flexibilität sind hier zu nennen. Gleichzeitig kam die Kehrseite wachsender Komplexität zur Sprache: die Gefahr des Abgleitens ins Chaos, in die Instabilität – und das ist eigentlich auch kein erstrebenswerter Zustand. Im Wettstreit werden sich Systeme daher bemühen, so schnell wie möglich zu wachsen, ihre Komplexität also maximal auszubauen, aber gleichzeitig versuchen stabil zu bleiben. Sie streben also nicht *zum Chaos,* sondern zum Chaos*rand.* Anfang der 1990er Jahre wurde dafür der Begriff *edge of chaos* geprägt. Der uns aus Abschn. 6.2 bekannte Stuart Kauffman und seine Mitstreiter argumentieren, dass dies der optimale Punkt ist, an dem sich komplexe Systeme aufhalten – er repräsentiert die *ultimative Komplexität.*

Das Streben zum Chaosrand geschieht dabei sowohl von der Seite der Ordnung als auch von der des Chaos aus. Systeme versuchen, dem Chaos zu entkommen – der Mechanismus dazu ist die *Selbstorganisation,* d. h. die Strukturbildung aus dem Chaos [9–15]. Bereits im Wachstumsmodell von Abschn. 6.3 haben wir diese Bildung von Ordnung mitten im Chaos beobachten können: Bei bestimmten Werten der Vermehrungsrate trat urplötzlich wieder ein periodisches Verhalten auf und das System strebte zu einer endlichen Anzahl von Zuständen, s. Abb. 6.4d.

Für technische Systeme ist der Aspekt der Selbstorganisation nicht relevant, vielleicht sollte ich sagen: noch nicht. Technische Systeme werden schließlich *konstruiert,* in ihnen soll alles unter Kontrolle bleiben. Wenn sie sich schon der Chaoskante nähern, dann bitteschön von der Seite der Regularität her! Dass das nicht so bleiben muss, zeigen u. a. Ansätze aus der Verkehrsleittechnik, die an der TU Dresden und der ETH Zürich zur dynamischen Steuerung von Ampeln entwickelt wurden [16]. *Jede* Ampel reagiert dabei auf die *gesamte* Verkehrslage. Die sich ausbildenden grünen Wellen sind häufig wesentlich effektiver als alle zentral planbaren Einstellungen und führen zu signifikanten Verringerungen der Stand- und Wartezeiten.

▶ **Wichtig** Edge of Chaos heißt für das System: Gehe an Deine Grenzen und bleibe dort. Entwickle Strukturen, die gerade noch beherrschbar sind. Nimm in Kauf, dass damit Störungen, Unfälle, ja Katastrophen verbunden sind, unter Umständen beliebig große!

Das Streben zum Chaosrand treffen wir auf Schritt und Tritt. Nehmen wir einen Leistungssportler. Nur mit vollem Einsatz kann er sich gegen andere Sportler durchsetzen. Er wird trainieren, an seine Grenzen gehen, alle erlaubten Mittel ausschöpfen – und er könnte versucht sein, auch unerlaubte zu nutzen. Damit setzt er sich allerdings einem hohen Risiko aus. Das Überschreiten der körperlichen Grenzen führt zu Verletzungen, der Einsatz unzulässiger Mittel kann zur Disqualifikation führen. Für den Einzelnen ist das eine Katastrophe – und die Gefahr, in eine solche zu laufen wird ihn tendenziell zurückhalten, gar zu weit zu gehen. Im System *aller Sportler* werden sich aber immer Vertreter finden (und es finden sich immer wieder welche!), die versuchen, den kritischen Punkt zu erreichen. Und damit treiben sie *das System Sport* auch immer wieder an diesen Punkt.

Wir beobachten es in der Wirtschaft. Schon Karl Marx zitierte einen zeitgenössischen Ökonomen mit den Worten: „Das Kapital hat einen Horror vor der Abwesenheit von Profit oder sehr kleinem Profit, wie die Natur vor der Leere. Mit entsprechendem Profit wird Kapital kühn. Zehn Prozent sicher, und man kann es überall anwenden; 20 %, es wird lebhaft; 50 %, positiv waghalsig; für 100 % stampft es alle menschlichen Gesetze unter seinen Fuß; 300 % und es existiert kein Verbrechen, das es nicht riskiert, selbst auf die Gefahr des Galgens." [17]

Und im Bereich der Technik? Edge of chaos heißt hier: gehe an den technologischen, an den material-technischen Limit. Gehe an die Grenze, mach das gerade noch Machbare. Nur dort kannst du der Beste sein. Wie dicht man an den kritischen Punkt gehen muss oder darf, hängt von der Situation ab. In der Weltraumforschung, in der Formel 1, bei Versuchen, ins Guinness-Buch der Rekorde zu kommen, sicher ganz dicht. Im Alltag ist ein gehöriger Abstand zum Chaosrand aber unbedingt empfehlenswerter.

> **Wichtig** Systeme tendieren dazu ihre Grenzen auszutesten. Sie nähern sich dadurch einem kritischen Punkt mit maximaler Komplexität. Das Überschreiten dieses Punktes bringt chaotisches Verhalten mit sich. Der optimale Zustand eines Systems liegt kurz vor dem kritischen Punkt. Das hatten wir bereits in den Kap. 2 und 4 gesehen. Dort waren es das Kettenreaktionsspiel und das Aufhäufen von Sand. Beide Male lag die optimale Vorgehensweise dicht vor dem kritischen Punkt, an dem das Systemverhalten von Stabilität in Instabilität umschlug.

Herbert Grönemeyer hat Reiz und Gefahr des Chaosrands schon 1991 erkannt. Praktisch zeitgleich mit dem Aufkommen der Idee vom edge of chaos sang er in seinem Song *Haarscharf* [18]:

Haarschaaaaarf am Abgrund
So gerade noch den Absprung
Im letzten Moment von der Klinge
...

Es ist kaum anzunehmen, dass Grönemeyer von Kauffman oder gar Kauffman von Grönemeyer abgeschrieben hat. Es war der Zeitgeist, der sich hier Bahn brach und zusammen mit der Komplexität auch deren Kehrseite – das Chaos – ins Bewusstsein rückte.

Literatur

1. Hesiod: Theogonie, übersetzt und erläutert von Raoul Schrott. FISCHER Taschenbuch, 2016
2. A Vilenkin: Kosmische Doppelgänger. Wie es zum Urknall kam – Wie unzählige Universen entstehen. Springer, 2008
3. S Kauffman: The Origins of Order – Self-Organization and Selection in Evolution. Oxford University Press, 1993
4. S Kauffman: At Home in the Universe – The Search for Laws of Self-Organization and Complexity. Oxford University Press, 1995
5. S Kauffman: Der Öltropfen im Wasser – Chaos, Komplexität, Selbstorganisation in Natur und Gesellschaft. Piper, München, 1996
6. L Carroll: Alice im Spiegelland (Classic Reprint). LULU PR, 2018
7. M du Sautoy: Eine mathematische Mystery Tour durch unser Leben. Verlag C. H. Beck, München, 2013
8. B B Mandelbrot: Die fraktale Geometrie der Natur. Birkhäuser Verlag, 2014
9. R Witt, CP Lieckfeld: Bionik – Patente der Natur. PRO FUTURA Verlag GmbH, München, 1991
10. M Eigen: Stufen zum Leben – Die frühe Evolution im Visier der Molekularbiologie. Piper, 2000
11. M Eigen, R Winkler: Das Spiel – Naturgesetze steuern den Zufall. Rieck, 2010
12. H Haken: Erfolgsgeheimnisse der Natur – Synergetik: Die Lehre vom Zusammenwirken, Rowohlt, 1995
13. H Haken: Die Selbstorganisation komplexer Systeme – Ergebnisse aus der Werkstatt der Chaostheorie, Picus Verlag GmbH, 2004
14. W Ebeling, R Feistel: Physik der Selbstorganisation und Evolution. Akademie-Verlag, Berlin, 1986
15. W Ebeling, R Feistel: Chaos und Kosmos – Prinzipien der Evolution. Spektrum Akademischer Verlag, 1994
16. S Lämmer, J Krimmling, A Hoppe: Straßenverkehrstechnik 11 (2009) 714
17. T J Dunning: Trades' Unions and strikes – their philosophy and intention. London 1860, zitiert nach: K Marx: Das Kapital – Band I, in Marx-Engels-Werke Bd. 23, Dietz-Verlag, Berlin, 2013
18. H Grönemeyer: Haarscharf, Album Luxus, 1991

Halten und gehalten werden: Komplexe Netze

7

Zusammenfassung

Vernetzen, Netzwerke bilden, „networken" – Worte, die heutzutage in aller Munde sind. Doch wie vernetzt man sich eigentlich richtig? Gibt es ein optimales Netz? Was ist der Preis der Vernetzung? Und was hat Vernetzung mir Komplexität zu tun?

Auf diese Fragen wird im Folgenden eingegangen. Den Leitfaden bildet dabei wieder die Suche nach Komplexität. Wir werden formulieren, was der kritische Zustand eines Netzes ist und feststellen, dass sich viele Netze in der Nähe dieses Zustands befinden.

7.1 Zusammenhalt gefragt

Früher hatte es jeder in seinem Haushalt: das gute alte Einkaufsnetz. Ob aus gezwirnten Baumwollfäden (dem sogenannten Eisengarn) oder aus Kunststoff, man konnte es in jede Tasche stecken und hatte im Tante-Emma-Laden oder am Gemüsestand stets ein Transportmittel zur Hand. Es war leicht und trotzdem belastbar. Mittlerweile von Plastik-Beuteln und -Tüten verdrängt, fristet es heute nur noch ein Schattendasein und wartet auf vielleicht wieder bessere Tage.

F.-M. Dittes, *Komplexität,* Technik im Fokus,
https://doi.org/10.1007/978-3-662-63493-6_7

Stattdessen kommen immer stärker andere Netze in Gebrauch, in schöner Übernahme des englischen *network* auch im Deutschen häufig als *Netzwerk* bezeichnet. Vielen scheint ein Leben ohne *social networks* á la Facebook oder Instagram nicht mehr vorstellbar – in etwas sonderbarer Abwandlung des Wortsinns eines „sozialen Netzes“, das einst als eine Komponente des Ausgleichs in der Gesellschaft gedacht war. Aber auch soziale Netzwerke halten zusammen; sie sind gleichzeitig Folge und Voraussetzung einer globalisierten Welt.

Denken Sie an das Internet: Ein Netz, das sich so rasant über uns geworfen hat, dass wir keine Zeit hatten ein deutsches Wort dafür zu ersinnen – oder wenigstens ein „z“ anzuhängen. Es stellt mittlerweile ein globales System dar, mit dessen Hilfe weltweiter Informationsaustausch in Sekundenbruchteilen möglich ist – jedenfalls grundsätzlich.

Oder nehmen Sie das Energienetz. Sein Ausbau hat im Zuge der Energiewende höchste Priorität erhalten und wird uns noch so manche komplexe Überraschung bescheren.

Und es gibt natürlich das Bahnnetz, das uns im nächsten Kapitel beschäftigen wird.

Netze müssen nicht unbedingt „zum Anfassen“ sein. Man redet ja auch von Beziehungsnetzwerken: „Man kennt sich, man trifft sich, man hilft sich“. Von Zitierungs-Netzen, wenn sich Wissenschaftler in ihren Arbeiten auf die Veröffentlichungen anderer beziehen. Es gibt das metabolische Netzwerk, das anzeigt, welche Moleküle zum Stoffwechsel beitragen und wie sie zueinander in Beziehung stehen usw. usf.

Allen diesen Netzen ist gemeinsam, dass sie *zwei* Arten von Komponenten aufweisen:

a) *Knoten:* Das sind im Einkaufsnetz im wahrsten Sinne des Wortes die Stellen, wo Schnüre miteinander verknüpft sind. Das sind die Bahnhöfe samt ihrer Infrastruktur bei der Bahn, die Server und Computer des Internets usw.
b) *Kanten:* Das ist das, wodurch Knoten miteinander verbunden werden: Schnüre, Schienen, Kabel. Die Kanten stellen den Zusammenhalt des Netzes her. Im einfachsten Fall – z. B. beim Einkaufsnetz – sind Kanten einfach da oder nicht da;

zwei Knoten sind also miteinander verbunden oder nicht. Eine Kante kann aber auch *zusätzliche* Eigenschaften haben. So wird jede Kante im Energienetz durch die Spannung charakterisiert, für die sie ausgelegt ist. Kanten im Eisenbahnnetz haben als Merkmal die Geschwindigkeit, bis zu der sie befahren werden dürfen. Kanten im Internet haben eine Übertragungsrate als Kenngröße und vielleicht noch eine Materialeigenschaft: Kupfer oder Glasfaser.

Was ist das Besondere an Netzen, was macht gewissermaßen ihren Charme aus? Sie sind das denkbar einfachste System, das komplexes Verhalten zeigen kann. Sie können nämlich als Menge von Punkten und Strichen verstanden werden – jeder Punkt repräsentiert einen Knoten, jeder Strich steht für eine Kante. Netze kann man also gut zeichnen; vielleicht ist das der Grund, warum die Mathematiker sie *Graphen* nennen – Gráphen! Nicht zu verwechseln mit dem neuen „Supermaterial" der Nanotechnologie, den als Graphén bezeichneten Kohlenstoff-Nanoschichten.

Sehen wir uns verschiedene Typen von Netzen einmal näher an und untersuchen wir, in welchem Sinne dabei von Komplexität gesprochen werden kann:

Abb. 7.1 illustriert drei verschiedene Möglichkeiten, Netze zu konstruieren. In Abb. 7.1a ist zunächst ein Netz gezeigt, das eine ausgeprägte Mitte aufweist. *Ein* Knoten ist vor allen anderen dadurch ausgezeichnet, dass sämtliche Kanten zu ihm gehen. Wir können ein solches Netz *zentralistisch* nennen. Spinnennetze sind z. B. zentralistisch. Aber auch das Eisenbahnnetz mancher Länder ist ziemlich zentralistisch – ein gutes Beispiel liefert Frankreich, wir kommen im nächsten Kapitel darauf zurück.

Andererseits gibt es Netze *ohne* ausgezeichnete Knoten. Man könnte sie „demokratisch" nennen, die Mathematiker haben aber den Begriff *zufällige Netze* dafür geprägt. Jeder Knoten ist dabei mit einer gewissen Anzahl von anderen Knoten verbunden, und diese Anzahl ist für alle Knoten gleich oder zumindest fast gleich – Abb. 7.1c zeigt ein Beispiel. Ein Spezialfall des zufälligen Netzes entsteht, wenn jeder Knoten mit

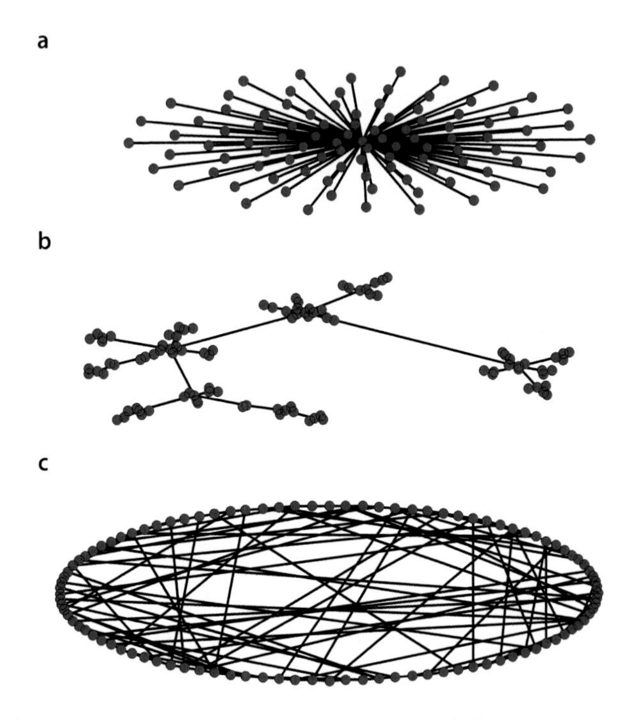

Abb. 7.1 Zentralistisches (a), komplexes (b) und zufälliges (c) Netz

jedem anderen verbunden ist. Man spricht dann von einem *vollständigen* Netz, ein Beispiel ist in Abb. 7.5a gegeben.

Zwischen zentralistischen und zufälligen Netzen liegen Netze, die in Abb. 7.1b skizziert sind. Sie weisen kein eindeutiges Zentrum auf. Stattdessen gibt es Knoten mit *vielen* „Nachbarn", und solche mit *wenigen.* Wenn wir uns für komplexe Netze interessieren, dann sind sie vermutlich am ehesten in diese Gruppe zu finden.

Bei der Bestimmung der Komplexität von Netzen hilft uns der Begriff der *Valenz.* Ursprünglich wurde er für die Anzahl der Bindungselektronen, d. h. der möglichen Verbindungen, eines Atoms geprägt. In Anlehnung daran wird Valenz bei der Beschreibung von Netzen als Synonym für die Anzahl der Kanten, die von einem Knoten ausgehen, benutzt. In Abb. 7.1a hat *ein* Knoten eine Valenz von 99 und alle anderen eine Valenz von eins. Im Zufallsnetz von Abb. 7.1c haben alle Knoten eine Valenz von drei. Und im Falle von Abb. 7.1b? Ein Knoten hat 14 Nachbarn, einer 12, dann kommt einer mit 9 Nachbarn usw. Wir haben es also mit einer *Verteilungsfunktion* von Valenzen zu tun. Und die Verteilungsfunktion – war das nicht unser Lieblingswerkzeug zur Beschreibung von Komplexität? Schauen wir uns also an, ob es Netze gibt, deren Valenz-Verteilung Eigenschaften aufweist, die wir schon von den Verteilungsfunktionen anderer Systeme kennen. Und die man deshalb *komplex* nennen kann.

Definition
Valenz: in der Chemie – Wertigkeit, d. h. Anzahl der Bindungselektronen und damit der möglichen Bindungen eines Atoms.

In der Graphentheorie – Anzahl der Kanten, die von einem Knoten ausgehen.

7.2 Wer da hat, dem wird gegeben – Komplexität durch bevorzugte Anlagerung

Im Jahre 1999 erregten die Physiker Barabási und Albert Aufsehen, als sie ein Modell für das Wachstum des Internets präsentierten, das in seiner Einfachheit verblüffend und in seinen Ergebnissen trotzdem präzise war. Mit anderen Worten, es hatte genau die Anzeichen, für die man gern das Wörtchen „genial“ verwendet.

Barabási und Albert nahmen an, dass das Wachstum des Netzes von einer „Keimzelle“, einem „Mini-Netz“, startet [1]. Das können 2 oder 3 miteinander verbundene Knoten sein – oder gar ein einzelner „Knoten“, der noch keinerlei Kanten aufweist. Das Netz beginnt nun zu wachsen, indem ein neuer Knoten hinzugefügt und mit einer Reihe schon im Netz befindlicher Knoten verbunden wird. Danach kommt wieder ein neuer Knoten, der „angeschlossen“ wird usw. Auf diese Weise wächst das Netz nach und nach. Die Netzbildung ist also als Prozess wiederholter „Partnersuche“ formuliert, und die entstehende Netz*struktur* wird davon abhängen, *wie* diese Suche vor sich geht: Wird jeder neue Knoten stets mit dem Knoten verknüpft, der schon die meisten Nachbarn hat, erhalten wir ein zentralistisches Netz. Wird der Partner gewürfelt, bildet sich ein zufälliges Netz. Welche Verknüpfungsvorschrift muss dann aber benutzt werden, um das in Abb. 7.1b gezeigte Netz zu erhalten?

Die Antwort ist verblüffend einfach, und sie ist direkt aus dem Leben gegriffen: Benutze die Zahl der Nachbarn, die ein Knoten bereits hat, als Maß für seine „Attraktivität". Verbinde neue Knoten also bevorzugt mit solchen Knoten, die bereits eine hohe Valenz haben, aber gib auch den anderen eine Chance. Mathematisch ausgedrückt: Nummerieren wir die Knoten des Netzes mit 1, 2, …, N und bezeichnen wir die entsprechenden Valenzen mit $v_1, v_2, \ldots, v_N$. Dann ist die Wahrscheinlichkeit, dass ein neu hinzukommender Knoten mit Knoten Nr. 1 verbunden wird, proportional zu v_1 – mit Knoten Nr. 2 – proportional zu v_2 usw. Es ist also nicht so, dass der „stärkste" Knoten alle hinzukommenden Knoten automatisch „anzieht", er hat nur die größte Wahrscheinlichkeit, dass ein neuer Knoten gerade mit ihm verbunden wird. Tendenziell werden dadurch die großen Knoten immer mehr Nachbarn bekommen, die mittleren in gewissem Maße auch, und die kleinen? – na ja, die gehen, wie im realen Leben, meistens leer aus.

Das Bildungsrezept, das wir gerade beschrieben haben, wird als *bevorzugte Anlagerung* bezeichnet, im englischen Original als *preferential attachment.* Ein möglicher Verlauf einer Netzbildung, die diesem Konstruktionsprinzip unterliegt, ist in Abb. 7.2 gezeigt. Das Netz startet mit 3 Knoten. In jedem Schritt kommt ein neuer Knoten mit zwei Valenzen hinzu (das bereits bestehende Netz ist schwarz markiert, der neue Knoten weiß).

In welchem Sinne ist ein solches Netz komplex? Sehen wir uns dazu die Verteilungsfunktion der Valenzen an, s. Abb. 7.3. Sie folgt offenkundig einem Potenzgesetz– das Netz ist also *skalenfrei* ! Der Exponent liegt bei $-2{,}5$ und ist unabhängig davon, wie viele Valenzen ein Knoten im Mittel hat.

Würde vielleicht auch ein anderes Konstruktionsprinzip als das von Barabási und Albert zu skalenfreien Netzen führen? Eine kleine Modifizierung der Bildungsregel hätte wohl kaum

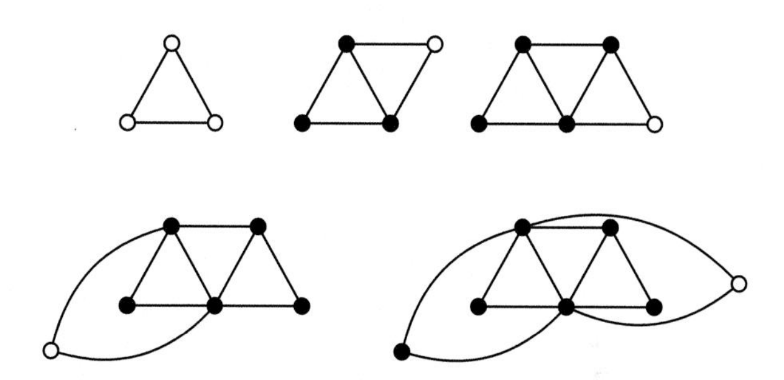

Abb. 7.2 Konstruktion eines komplexen Netzes: Ausgehend von einem Grundgerüst verbinden sich hinzukommende Knoten nach dem Prinzip der bevorzugten Anlagerung

merkliche Veränderungen zur Folge, ein starkes Abweichen allerdings schon:

Die Barabási-Albert-Regel „begünstigt" Knoten mit einer hohen Valenz, in dem sie neue Knoten bevorzugt mit ihnen

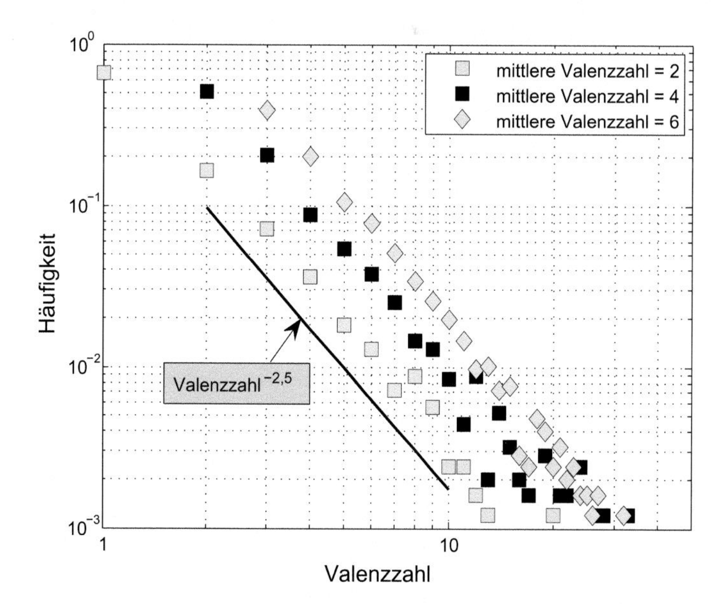

Abb. 7.3 Verteilungsfunktion der Valenzen für ein Netz mit bevorzugter Anlagerung

verbindet. Bauen wir diese Bevorzugung gedanklich zunächst mehr und mehr *ab*. Es ist dann immer weniger wichtig, wie viele Nachbarn ein Knoten hatte – alle Knoten können mit derselben Wahrscheinlichkeit eine Kante mit dem hinzukommenden Knoten aufbauen. Wir erhalten ein Netz, das immer stärker einem Zufallsnetz entspricht. Zufallsnetze haben einen großen Vorteil: Die starke Vernetzung macht das Netz sehr robust gegenüber Störungen – das Netz ist stabil. Die Wegnahme einer Kante oder eines Knotens beeinträchtigt die Funktionsfähigkeit des gesamten Netzes kaum: Man kann immer noch von einem beliebigen Knoten zu einem beliebigen anderen gelangen – ist die Kante, die man gerne benutzen möchte, gerade nicht „befahrbar", muss man nur einen kleinen Umweg machen. Zufallsnetze haben aber auch entscheidende Nachteile: Je nachdem wie groß die mittlere Valenzzahl ist, sind die Netze entweder sehr „langsam" oder sehr „teuer". Damit ist Folgendes gemeint: Gehen von jedem Knoten nur wenige Kanten aus, so ist das Netz relativ „dünn"; der Weg von einem Knoten zu einem anderen muss dann über viele Zwischenstationen verlaufen – es wäre reiner Zufall, wenn es eine direkte Verbindung vom Start- zum Zielknoten gäbe. Ist die mittlere Valenzzahl aber groß, gibt es im Netz also viele Direktverbindungen, so ist es „teuer": aufwendig aufzubauen und zu unterhalten. Denken Sie an ein Straßen- oder Bahnnetz, in dem von jedem Ort zu jedem anderen eine gerade Verbindung führen würde – wer sollte das bezahlen?

Auf der anderen Seite entsteht durch eine *zu starke* Bevorzugung von Knoten mit vielen Nachbarn ein Netz, das dem zentralistischen von Abb. 7.1a ähnelt. Es hat den Vorteil, mit wenigen Kanten eine gute Erreichbarkeit aller Knoten zu gewährleisten. Im Netz von Abb. 7.1a benötige ich für einen Weg von einem beliebigen Knoten zu einem anderen höchstens zwei Schritte! Der Nachteil des zentralistischen Netzes besteht jedoch in dessen Störanfälligkeit: Ein Ausfall des zentralen Knotens legt das gesamte Netz lahm. Es muss nicht unbedingt ein Totalausfall im physischen Sinne sein. Auch zentrale Fehlentscheidungen oder Fehlsteuerungen gefährden das Netz und führen zu seinem Zerfall bzw. der Notwendigkeit einer vollständigen Neustrukturierung – der Zusammenbruch des

Sozialismus in Osteuropa lieferte ein eindrucksvolles Beispiel. Kleine Störungen der Netzstruktur können also weitreichende Konsequenzen haben – das Netzverhalten ist instabil.

Netze, die zwischen diesen beiden Extremen liegen, versuchen einen Kompromiss zwischen Robustheit auf der einen Seite und guter Erreichbarkeit sowie vertretbaren Kosten auf der anderen zu finden. Dass dabei auf natürliche Weise Skalenfreiheit und damit Komplexität entsteht, ist bemerkenswert.

Auch Netze unterliegen dem Drang zu wachsender Komplexität und damit zum Chaosrand, wie in Kap. 6 beschrieben. Das gilt für soziale Netze genauso wie für das Internet: Wir gehören gern zum Freundeskreis eines Facebook-Mitglieds, das von vielen gemocht wird. Wir feiern im Sport den Sieger. Wir klicken auf den ersten Treffer einer Google-Suche. Wir „lagern" uns sehr gern bevorzugt an die attraktiven an und erzeugen damit – bewusst oder unbewusst – Komplexität.

Ist das denn nicht gut? Gibt es eventuell auch hier eine Kehrseite? Ja, die gibt es: Die Gefahr besteht im „Über-das-Ziel-Hinaus-Schießen" – also darin, in den überkritischen Bereich zu geraten. Auf diese Gefahr kamen wir ja schon bei anderen Systemen zu sprechen, s. z. B. das „Kettenreaktionsspiel" von Abschn. 2.4. Wir verhalten uns nämlich jeden Tag „überkritisch": wir treiben Systeme in Richtung des kritischen Punktes – und darüber hinaus: Wir wollen Siegertypen. Erster oder Erste zu sein – das ist etwas. Der Zweite ist schon ein Verlierer, um den sich kaum jemand kümmert. Der 10. oder der 20. kriegt nicht ein Zehntel oder ein Zwanzigstel der Aufmerksamkeit des Ersten. Aber er müsste es, wenn es nach einem Potenzgesetz ginge.

Google „rankt" Seiten u. a. nach der Zahl ihrer Zitierungen und ihrer Aufrufe. Wer viele Aufrufe bekommt, steht in der Liste weiter oben. Er wird dadurch noch sichtbarer und bekommt dadurch noch mehr Aufrufe. Wir haben es mit einem selbstverstärkenden Mechanismus zu tun, der das System zum kritischen Punkt treibt. Und, wenn wir nicht aufpassen, auch darüber hinaus: Wir klicken den ersten in der Liste an. Manchmal den zweiten oder den dritten, vielleicht noch einen der Top Ten. Aber Hand aufs Herz: Wie oft haben Sie den 100. Link angeklickt?

Google selbst stellt sich ja dem Anspruch: Wenn das gewünschte Suchergebnis nicht auf der ersten Seite erscheint, war der Such-Algorithmus nicht optimal. Apropos Google: Schon die *Nutzung* eines dieser „Internetriesen" ist eine *Über-Bevorzugung.* Auf die 10 bekanntesten Marken im Netz entfallen mittlerweile 26 % der „Klicks". Wir belohnen wieder nur die Sieger und lassen den Kleinen zu wenig Chancen – eine gefährliche Übertreibung der an sich so guten „bevorzugten Anlagerung"!

7.3 Komplexe Netze überall

In Abschn. 7.2 haben wir einen Mechanismus beschrieben, der die Bildung komplexer Netze bewirkt: die „bevorzugte Anlagerung". Das durch ihn entstehende Netz stellt einen Kompromiss dar zwischen einem zentralistischen Netz mit seiner großen Störanfälligkeit und einem zufälligen, das sich als zu langsam oder zu teuer herausstellte. Ein komplexes Netz ist also nicht allzu störanfällig: Es weist keine Knoten auf, deren Ausfall den Zusammenbruch des gesamten Netzes mit sich bringen würde. Es ist auch nicht allzu teuer, die Zahl der Kanten bleibt also klein im Vergleich zu der eines vollständigen Netzes. Und es ist auch nicht sehr langsam – ich brauche also nur wenige Schritte, um von einem Knoten zu einem beliebigen andere zu kommen. Ein komplexes Netz vermittelt also möglichst gut zwischen diesen verschiedenen Anforderungen.

Wie sind nun *reale* Netze strukturiert? Wie komplex sind sie? Auf den ersten Blick sehen sie geradezu verwirrend aus, seien es die Verknüpfungen im menschlichen Gehirn, s. Abb. 7.4, oder die Verkehrsnetze, die wir im nächsten Kapitel besprechen werden. Aber sind sie auch komplex im Sinne dieses Buches? Sind sie skalenfrei, d. h. unterliegt die Verteilungsfunktion der Valenzen einem Potenzgesetz? Diese Frage wurde seit Ende der 1990er Jahre extensiv untersucht. Viele Netze stellten sich dabei als beinahe ideal skalenfrei heraus [1]:

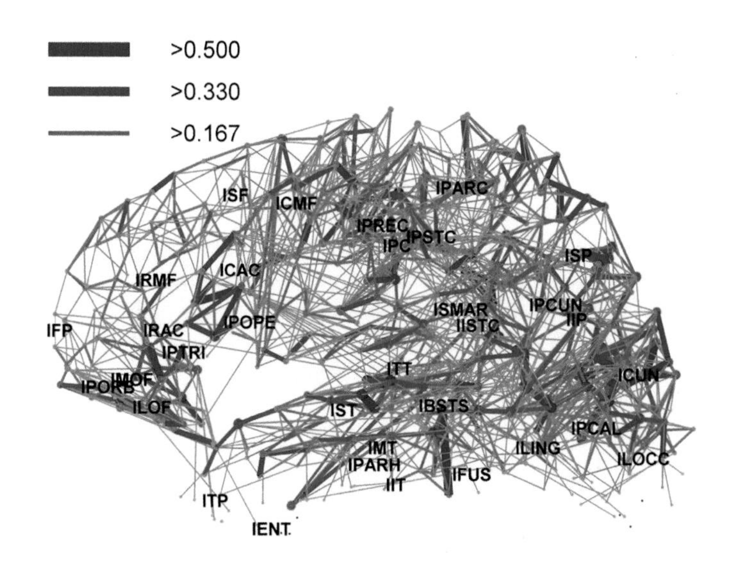

Abb. 7.4 Darstellung der Verknüpfungen im menschlichen Gehirn. (Abbildung: P Hagmann et al., https://commons.wikimedia.org/wiki/File:Network_representation_of_brain_connectivity.JPG (Ausschnitt))

1. Betrachten wir das Internet. In ihm kann jede Seite als Knoten und der Verweis auf eine andere Seite als Kante aufgefasst werden. Auf manche Seiten wird dabei von sehr vielen verwiesen, auf andere weniger, die gesamte Verteilung folgt einem Potenzgesetz mit dem Exponenten 2,1. Ein analoges Gesetz gilt auch für das *physische* Internet, d. h. für die Gesamtheit aller Computer und deren Verbindungen.
2. Nimmt man eine wissenschaftliche Veröffentlichung als Knoten und das Zitieren einer anderen Arbeit als Kante, so ergibt sich ein Zitierungsnetz. Manche Arbeiten werden oft zitiert, andere selten; insgesamt ist das Netz skalenfrei, der Exponent beträgt hierbei ungefähr 3.
3. Betrachtet man einen Schauspieler als Knoten und verbindet man zwei Schauspieler, wenn sie gemeinsam in einem Film mitwirken, erhält man ein Netz mit dem Exponenten 2,3 usw. usf.

Ein klassisches Beispiel für ein komplexes Energienetz stellt das Stromversorgungsnetz des Westens der USA dar. Historisch im Zuge der urbanen und industriellen Erschließung dieses Gebiets gewachsen, hat es eine komplexe Struktur aus ca. 5000 Knoten, d. h. Kraftwerken, Transformatorenstationen und Verteilern, entwickelt. Die Hoch- und Mittelspannungsleitungen zwischen diesen bilden die Kanten des Netzes. Als Exponent der Verteilungsfunktion der Valenzen wird der Wert 4 angegeben [2].

Im nächsten Kapitel werden wir zu dieser Liste noch ein Beispiel hinzufügen: das Netz der Deutschen Bahn. Als charakteristischer Exponent ergibt sich dabei 5,4.

Die aufgeführten Werte sind in Tab. 7.1 zusammengefasst.

Skalenfreie Netze sind also weit verbreitet. Sie entstehen quasi „von selbst", d. h. ohne einen zentralen Plan, der das Netz gezielt zu dieser Struktur führt. Sie entstehen, weil sie durch dieselben Ziele dorthin geführt werden wie alle komplexen Systeme, s. Abschn. 6.2: Maximierung der Funktionalität, Ermöglichen einer differenzierten Behandlung verschiedener Anforderungen und zunehmende Verflechtung verschiedener Teilsysteme.

Wir haben darüber hinaus in diesem Kapitel eine neue Ursache für das Streben nach Komplexität kennengelernt: die Suche nach dem optimalen Kompromiss zwischen gegensätzlichen Anforderungen! Das Widerstreben zweier Kräfte, der Widerspruch zwischen zwei Tendenzen – man redet auch von Frustration – ist nun in der Tat eine Situation, der Systeme

Tab. 7.1 Komplexität realer Netze

Netz	Exponent der Valenzverteilung
Internet	2,1
Wissenschaftliche Zitierungen	3
Schauspieler in gemeinsamen Filmen	2,3
Energienetz der westlichen USA	4
Schienennetz der Deutschen Bahn	5,4

praktisch immer ausgesetzt sind; wir hatten in Abschn. 4.1 einige Beispiele aufgeführt. Sie dienten in Kap. 4 zur Formulierung von Modellen, in denen selbstorganisierte Kritikalität auftrat. Für Netze kann man die Entstehung von Komplexität aus dem Widerstreben zweier Tendenzen sehr schön an folgendem Modellsystem erkennen:

Stellen Sie sich ein Verkehrsnetz vor. Jeder Knoten repräsentiert eine Stadt, aus der Personen zu den anderen Knoten des Netzes gelangen müssen. Zwischen den Städten sind Straßen gebaut, das sind die Kanten des Netzes. Das Netz soll nun möglichst optimal *zwei* Anforderungen erfüllen: Erstens soll die Summe aller Entfernungen, die von den Personen zurückgelegt werden müssen, minimal sein, das Netz soll also „schnell", d. h. nutzungs-freundlich, sein. Dazu ist es natürlich gut, wenn es möglichst viele Direktverbindungen zwischen den Städten gibt, wenn das Netz also vollständig ist, s. Abb. 7.5a. Andererseits soll das Netz aber auch nicht zu teuer sein; jeder Kilometer Straße, der *nicht* gebaut und unterhalten werden muss, ist hierfür von Nutzen. Das Netz sollte also möglichst *wenige* Kanten aufweisen, es sollte „dünn" sein. Abb. 7.5d zeigt das resultierende Netz (jede Kante muss nun für mehr Personen ausgelegt werden als im Fall a; das ist durch Stärke und Farbe der Linien in der Abbildung ausgedrückt). Der Unterschied beider Netze könnte nicht größer sein! Wie soll man da vermitteln, d. h. einen Kompromiss finden? Die Abb. 7.5b und 7.5c zeigen zwei Möglichkeiten. Sie stellen die optimalen Netze für den Fall mittlerer (b) bzw. hoher (c) Kosten eines Kilometers Straße dar. In beiden Fällen ergeben sich Strukturen, die sowohl Knoten mit hoher Valenz als auch solche mit geringer aufweisen und die Ausprägung komplexer Strukturen bereits bei relativ kleinen Netzen erkennen lassen. Komplexe Netze ermöglichen also in der Tat gute Kompromisse zwischen verschiedenen Anforderungen. Im nächsten Kapitel werden wir sehen, wie die Bahn sich dies zunutze macht.

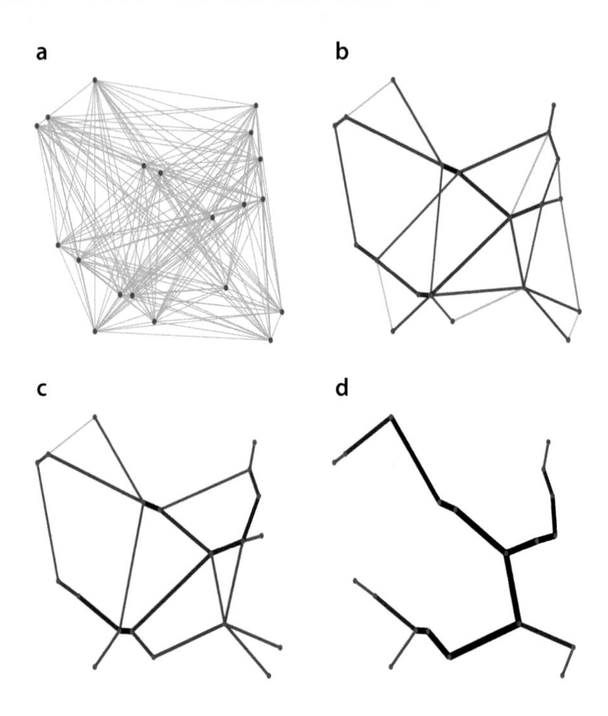

Abb. 7.5 Simulierte Verkehrsnetze zwischen Aufwand und Nutzen: Dargestellt ist die optimale Vernetzung von 20 Punkten in Abhängigkeit von den Verbindungskosten zwischen je 2 Punkten: Bei geringen Kosten dominieren die direkten Verbindungen (a), während steigende Kosten zur Ausbildung von baumartigen Strukturen mit längeren Wegen führen (d). Die komplexesten Strukturen entwickeln sich bei mittleren Kosten (b und c)

Wichtig Netze sind das denkbar einfachste System, das Komplexität ausbilden kann. Der natürliche Mechanismus zur Ausprägung von Komplexität ist dabei die „bevorzugte Anlagerung". Sie führt zu einer potenzartigen Verteilungsfunktion der Valenzen im Netz. Reale Systeme vom Internet über Beziehungsnetzwerke bis hin zu Energie- und Verkehrsnetzen folgen diesem Muster.

Literatur

1. A-L Barabási, R Albert: Science 286, Nr. 5439 (1999) 509
2. D J Watts, S H Strogatz: Nature 393 (1998) 440

Die Komplexität der Bahn

8

Zusammenfassung

Nach der langen Reise durch die Facetten der Komplexität in den Kap. 2–7 können wir uns nun endlich den in der Einleitung gestellten Fragen zuwenden: Wie komplex ist die Bahn und welche Auswirkungen hat ihre Komplexität auf die Pünktlichkeit?

8.1 Ein komplexes Netz

Die erste Eisenbahnstrecke der Welt wurde am 18. September 1830 zwischen Manchester und Liverpool in Betrieb genommen, die erste in Deutschland folgte am 7. 12. 1835 von Nürnberg nach Fürth. Sie lieferten den Startschuss für einen rasanten Aufbau des Schienennetzes in aller Welt, s. Tab. 8.1 [1].

In Deutschland entwickelte sich nach und nach eines der dichtesten Eisenbahnnetze der Welt; zeitweise stieg die Betriebslänge bis auf 60.000 km, s. Abb. 8.1 [2].

Dabei gab es verschiedene Entwicklungsstufen des Netzes: Im Deutschland zu Beginn des 20. Jahrhunderts war die Konzentration auf Berlin als Hauptstadt stark ausgeprägt. Nach dem 2. Weltkrieg entwickelten sich in der Bundesrepublik mehrere Nord-Süd-Stränge, die das Netz dominierten; in der DDR blieb die Konzentration auf Berlin bestehen.

F.-M. Dittes, *Komplexität,* Technik im Fokus,
https://doi.org/10.1007/978-3-662-63493-6_8

Tab. 8.1 Entwicklung des Eisenbahnnetzes im 19. Jahrhundert (Betriebslänge in Tausend km)

	1840	1855	1877	1900
Deutschland	0,5	9	30	50
Frankreich	0,5	3,5	24	40
England	2,4	12	24	35
Russland		1	20	40
USA	4,5	30	120	280

Nach der Vereinigung Ost- und Westdeutschlands 1990 wurde Zug um Zug das Netz zur heutigen Struktur geführt – dabei ging der Ausbau von Magistralen, insbesondere im Rahmen des IC- und ICE-Netzes, mit dem Abbau von Nebenstrecken einher; insgesamt ist die gesamte Betriebslänge seit längerem leicht rückläufig.

Das heutige Netz der Deutschen Bahn hat eine Betriebslänge von ca. 34.000 km, davon fast die Hälfte mehrgleisig.

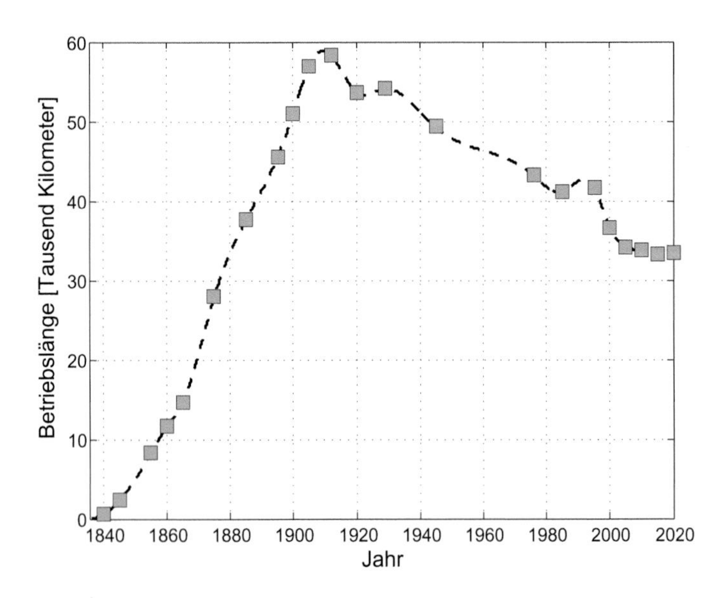

Abb. 8.1 Entwicklung des Streckennetzes in Deutschland

Im Personenverkehr verbindet es mehrere Tausend Stationen miteinander. Hierzu gehören nicht nur die 81 Großstädte; insgesamt werden zzt. ca. 5700 Bahnhöfe bedient. Außerdem gibt es mehrere Hundert Anschlussstellen des Güterverkehrs. Nach eigenen Angaben betreibt die Deutsche Bahn das zweitdichteste Netz der Welt – nur Belgien muss sie den Vortritt lassen.

Das Schienensystem der Bahn ist im wahrsten Sinne des Wortes ein *Netz.* Die Eisenbahnstrecken sind dabei die *Kanten.* An deren Kontaktstellen entstehen Bahn*knoten.* Allein die Komplexität *eines* Knotens ist beeindruckend, s. Abb. 8.2!

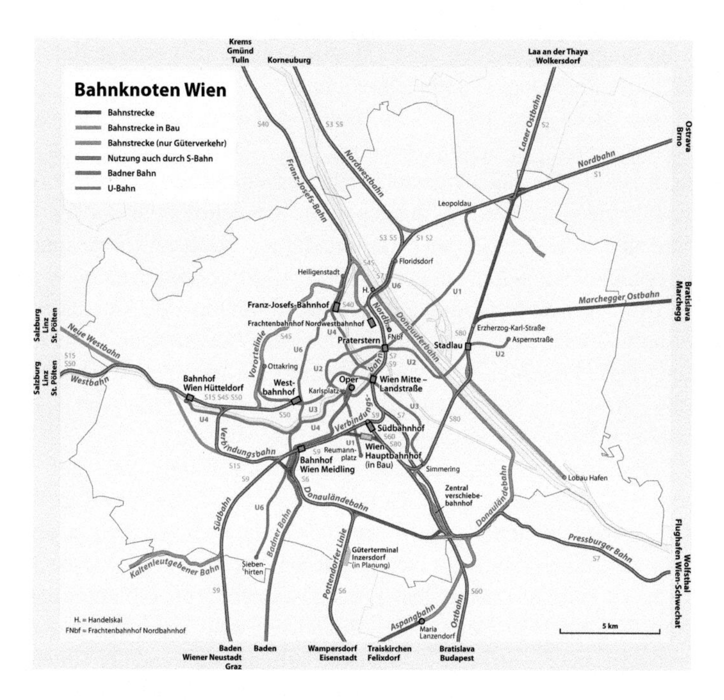

Abb. 8.2 Beispiel eines Bahnknotens. Das Wachstum von Städten führte häufig zunächst zur Anlage von *mehreren* Bahnhöfen, deren Verbindung untereinander teils chaotisch anmutet. Durch den Bau eines Zentralbahnhofs wird der Knoten zentralistischer und damit beherrschbarer (vgl. Kap. 7). (Abbildung: Maximilian Dörrbecker, https://commons.wikimedia.org/wiki/File:Eisenbahnknoten_Wien.png)

Im gezeigten Beispiel – dem Knoten Wien – treffen sich 13 Linien, und zwischen allen soll eine koordinierte Verbindung ermöglicht werden. Das stellt eine Herausforderung dar, der Stadtplaner und Logistiker lange nicht gewachsen waren und der erst durch den Bau eines teilweise unterirdischen Hauptbahnhofs entsprochen werden konnte – wie in vielen anderen Großstädten auch.

Die Eisenbahnknoten werden anhand ihrer Größe unterteilt in die „einfachen Kreuzungen" von zwei Linien, in die „Großen Knoten" mit Kreuzungen oder Verknüpfungen mehrerer Linien und Funktionsbereiche sowie in die „Großknotenbereiche", in denen eine Vielzahl von Knoten und betrieblichen Verknüpfungen angesiedelt sind [3]. An Knoten sind häufig Bahnhöfe des Personenverkehrs eingerichtet.

Im Netz der Deutschen Bahn AG gibt es 36 Große Knoten und 12 Großknotenbereiche. Das aktuelle Bahnnetz ist in Abb. 8.3 dargestellt. Man erkennt viele kleine Orte, Kreuzungs- und Verzweigungspunkte, an denen sich 3 oder 4 Strecken treffen, aber auch die erwähnten Großen Knoten und Großknotenbereiche, von denen bis zu 13 Strecken abgehen.

Ein solches Netz drängt nach Bestimmung der Valenzverteilung. Vielleicht haben wir es mit einem skalenfreien Netz zu tun? Das Auszählen ist etwas mühselig. Ich habe Ihnen deshalb diese Arbeit abgenommen – das Ergebnis sehen Sie in Abb. 8.4: wieder erhalten wir ein fast perfektes Potenzgesetz!

Das deutsche Netz weist also eine hohe Komplexität auf – und zwar nicht nur optisch. Es ist *skalenfrei* im Sinne von Kap. 7. Das war nicht unbedingt zu erwarten! Frankreich z. B. hat ein sehr zentralistisches Netz. Versuchen Sie mal, von Bordeaux nach Lyon zu kommen, ohne über Paris zu fahren! Abb. 8.5 zeigt das französische TGV-Netz – die Ähnlichkeit zum kostengünstigen Verkehrs„netz" von Abb. 7.5d ist verblüffend, während der Unterschied zum deutschen Netz kaum augenfälliger sein könnte.

Das deutsche Schienennetz ist also komplex. Und es gibt offenbar immer noch Steigerungs-Potenzial in dieser Richtung: Die Abweichung der Valenzverteilung von einem Potenzgesetz deutet auf einen Mangel an Knoten mit *drei* abgehenden Strecken hin. Diese entstehen aber genau durch

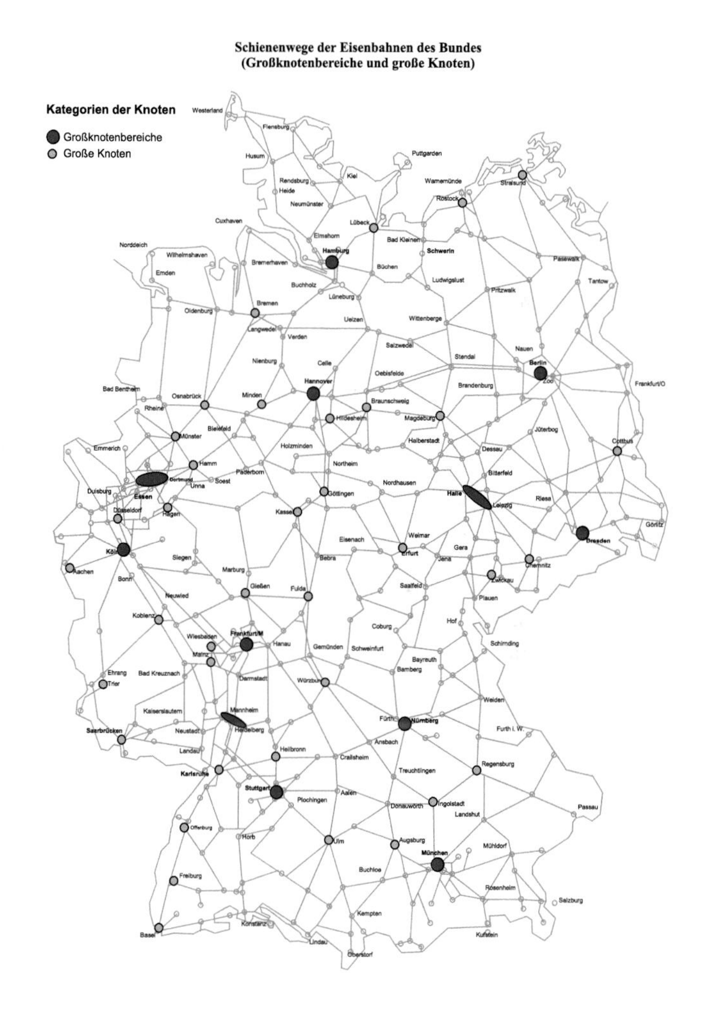

Abb. 8.3 Schienennetz der Deutschen Bahn. (Abbildung: Bundesverkehrswegeplan, Drucksache des Deutschen Bundestages Nr. 15/2050)

Querverbindungen von bestehenden Strecken, d. h. durch den Einbau zusätzlicher Verknüpfungen.

Eine derartige Komplexität hat unmittelbaren Einfluss auf den Eisenbahnbetrieb. Sehen wir uns das im nächsten Abschnitt an.

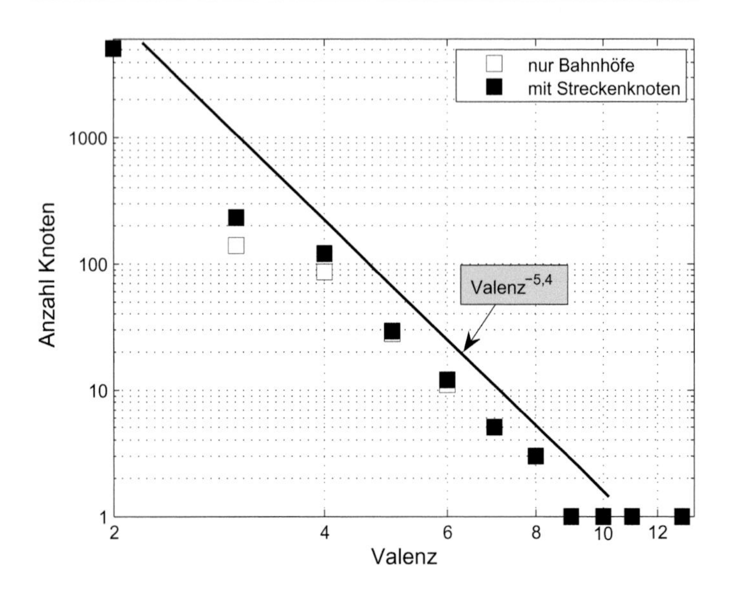

Abb. 8.4 Valenzverteilung des Bahnnetzes in Deutschland

8.2 Wenn der Knoten platzt – die Bahn an der Kante

Eine komplexe Netzstruktur sagt noch nichts darüber aus, was alles passieren kann, wenn das Netz befahren wird. Gerade komplexe Netze sind ja nicht sonderlich empfindlich gegenüber dem Ausfall einer Kante oder eines Knotens, und schnell und preiswert sind sie auch. Mit *einem* Zug auf einem solchen Netz zu fahren, wäre ein Traum! Probleme entstehen erst, wenn das Netz mehr und mehr belastet wird. Und das ist leider mit dem deutschen Netz der Fall.

Die Verkehrsleistung der Deutschen Bahn im Personenverkehr erhöhte sich von 78 Mrd. Personenkilometern im Jahr 2010 auf 98 Mrd. 2019, bevor die Corona-Pandemie 2020 einen Rückgang auf 52 Mrd. mit sich brachte [4]. Im Güterverkehr

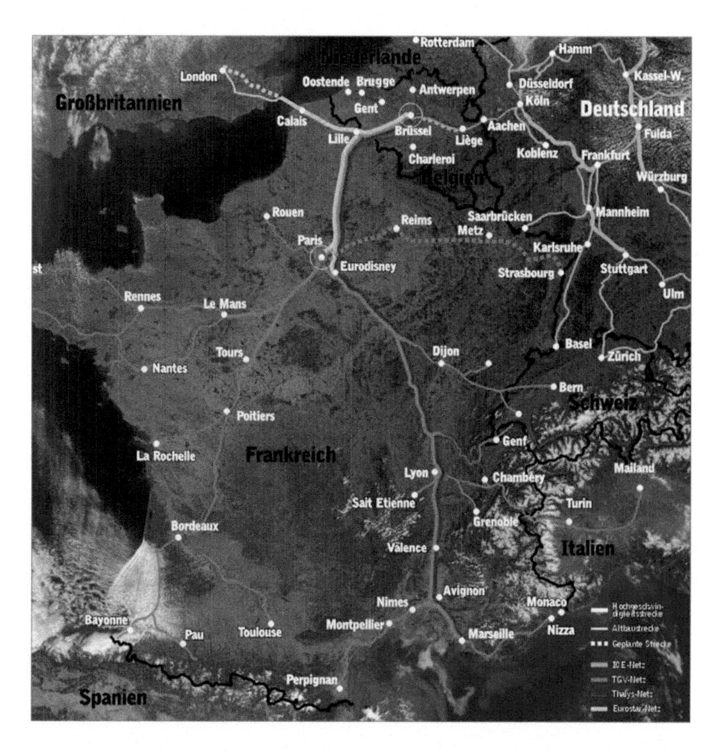

Abb. 8.5 Struktur des französischen TGV-Netzes. (Abbildung: Sans-culotte, https://commons.wikimedia.org/wiki/File:Hgv_netz.jpg)

lag sie 2020 bei 56 Mrd. Tonnenkilometern; bis 2025 wird eine weitere Steigerung um über 20 % sowohl im Personenfernverkehr als auch im Güterverkehr erwartet. Der Anstieg der Transportleistung muss dabei auf einem tendenziell kleiner werdenden Netz bewältigt werden, s. Abb. 8.1. Insbesondere die stark befahrenen Magistralen in Nord-Süd-Richtung und die großen Knoten München, Frankfurt und Hamburg stoßen so an ihre Kapazitätsgrenze, d. h. die Strecken werden fast vollständig ausgelastet. Das hat unmittelbare Konsequenzen:

- Eine Störung in einem großen Knoten – und alle von ihm ausgehenden Linien sind betroffen.
- Der Ausfall einer der rund 70.000 Weichen – und die Wirkungen sind noch Stunden später und Hunderte von Kilometern entfernt zu spüren.
- Ein verspäteter Zug – und der Fahrplan eines ganzen Bahnhofs kommt aus dem Takt.

Jedenfalls *können* alle diese Wirkungen eintreten. Sie *tun* es genau dann, wenn das System dicht vor dem kritischen Punkt ist und keine Reserven hat, Störungen auszugleichen. Wir kennen es alle vom Auto fahren. Staus sind eine Folge dessen, dass die Straße ihre Kapazitätsgrenze erreicht hat: Wenn die Autos 120 km/h fahren und 60–70 m Abstand halten, dann passen auf zwei Spuren eben nur ca. 3500 Fahrzeuge pro Stunde hindurch. Werden es mehr, haben wir ein Problem. Sollen alle schneller fahren? Das ist nicht immer erlaubt und nicht immer ratsam. Dann fahren wir eben dichter auf! Das ist keine Lösung, auch wenn vielen Autofahrern die Einhaltung des Sicherheitsabstands nur eine nette Empfehlung der Straßenverkehrsordnung zu sein scheint.

Das Eisenbahngleis hat ebenfalls eine Durchlasskapazität. Im Gegensatz zum Straßenverkehr wird der Mindestabstand zwischen zwei Zügen sogar automatisch sichergestellt und es wird auf die Einhaltung der zulässigen Höchstgeschwindigkeit geachtet. Bei einer Überlastung sind Staus auch im Bahnverkehr unvermeidbar! Auslastung des Netzes an der Kapazitätsgrenze heißt also, es im kritischen Bereich zu „fahren". Wie sensibel das System dort auf Störungen reagiert, haben wir in den vorhergehenden Kapiteln an vielen Beispielen illustriert. Und Störungen sind unvermeidbar. Da ist es dann auch egal, ob es ein Sandkorn war, das die Lawine ausgelöst hat, der Schlag eines Schmetterlingsflügels – oder die berühmte Schneeflocke, die auf die Schiene gefallen ist.

Eine der größten Störungen der vergangenen Jahre wurde übrigens durch ein *Eichhörnchen* verursacht, das im morgendlichen Berufsverkehr des 18. Juli 2011 in die Oberleitung des Frankfurter Hauptbahnhofs geklettert war und dabei einen

Kurzschluss ausgelöst hatte. „Das arme Eichhörnchen" ist meist die erste Reaktion auf diese Mitteilung. Und in der Tat war es das einzige Todesopfer in diesem Zusammenhang. Für die Reisenden und die Bahn waren die Folgen zum Glück nicht tödlich – aber doch dramatisch: Dutzende Züge standen stundenlang still, erst am Nachmittag funktionierte der Knoten Frankfurt wieder richtig; die bundesweiten Auswirkungen dauerten den gesamten Tag an.

Es gibt also nicht nur den Schmetterlingseffekt, den wir in Abschn. 6.1 beschrieben haben. Auch der Schwanz eines Eichhörnchens sollte nicht zu wild um sich schlagen – jedenfalls nicht in der Nähe von Stromleitungen der Bahn.

8.3 Ja mach nur einen Plan

Tag für Tag sind auf dem Schienennetz der Deutschen Bahn rund 23.000 Züge unterwegs, teilweise auf Linien von bis zu 1000 km. Wir alle freuen uns, wenn die Taktfrequenz hoch und die Umsteigezeiten gering sind. Trotzdem soll der Fahrplan einigermaßen robust sein, sodass die Verspätungen einzelner Züge nicht den gesamten Plan durcheinanderwerfen. Zudem engen eingleisige Streckenabschnitte den Spielraum für die Fahrplangestaltung ein und erfordern eine fast minutengenaue Fixierung der Zugfolge. Schließlich sind viele Strecken-Abzweigungen „höhengleich", also ohne Tunnel oder Überführungen angelegt, sodass auch der Fahrplan und eventuelle Verspätungen des Gegenverkehrs berücksichtigt werden müssen. Stellen Sie sich vor, Sie müssten von der Autobahn nach *links* abbiegen ohne einen Unfall zu verursachen, dann haben Sie eine Vorstellung von der damit verbundenen Herausforderung.

Die Gestaltung des Fahrplans erfordert also den Ausgleich widersprüchlicher Anforderungen – nicht unähnlich denjenigen, denen wir beim Aufbau von Netzen in Kap. 7 begegnet waren. Der Kompromiss wird also auch hier vermutlich in einem *komplexen* Plan bestehen.

Tab. 8.2 Fahrplanausschnitt Frankfurt (Main) Hbf

Abfahrtszeit	Zugtyp	Richtung	Gleis
17:02	ICE	Berlin	13
17:06	ICE	Stuttgart	6
17:10	ICE	Dortmund	7
17:14	ICE	Berlin	8
17:16	ICE	Oldenburg	1
17:16	ICE	Köln	19
17:20	ICE	Karlsruhe	13
17:21	ICE	Dresden	9
17:42	ICE	Dortmund	6
17:46	IC	Karlsruhe	13
17:50	ICE	München	9
17:54	ICE	München	7
17:58	ICE	Hamburg	8

Insbesondere die Großen Knoten stehen vor großen Herausforderungen und sind leicht aus dem Takt zu bringen. Tab. 8.2 zeigt einen Ausschnitt aus dem Fahrplan des Hauptbahnhofs Frankfurt(Main). Dargestellt sind die 13 Fahrten des IC- und ICE-Verkehrs an einem Werktag im Mai 2021 zwischen 16 und 17 Uhr. Dazu kommen in dieser Stunde 32 Züge des Regionalverkehrs und 52 S-Bahn-Fahrten. Insgesamt muss der Knoten also fast 100 abfahrende – und normalerweise genauso viele ankommende – Züge bedienen. Und zwar nicht nur an den Gleisen, sondern auch im Bahnhofs-Vorfeld mit seinen zahllosen Weichen und fast immer höhengleichen Kreuzungen. Nach Aussagen der Bahn ist ein störungsfreier Betrieb an einem solchen Knoten nur möglich, wenn jeder Zug die ihm zugewiesenen Zeiten mit einer Genauigkeit von 5 min einhält. Aber auch kleinere Bahnhöfe können Verzögerungen im ICE-Verkehr auslösen, wenn sie nur über *einen* dafür geeigneten Bahnsteig verfügen; ist ein vorausfahrender Zug verspätet, muss auch der nächste warten, bis das Gleis wieder frei ist.

Der Plan kann durch die kleinste Störung außer Takt gebracht werden. Erstaunlicherweise treten Störungen meistens genau dann auf, wenn man sie am wenigsten brauchen kann: Kopfschmerzen gerade am Wochenende, Autoschaden unmittelbar vor dem Urlaub, Computerabsturz genau einen Tag vor dem Abgabetermin der Hausarbeit (so sagen es meine Studenten wenigstens). Bei der Bahn gibt es für die Behandlung von Störungen Dispatcher. Der Dispatcher muss entscheiden: Lasse ich den Anschluss warten? Lenke ich Wartende auf einen anderen Bahnsteig um? Aber was immer er macht: Er kann es nicht allen Recht machen und wird meist einen Teil der Reisenden verärgern.

8.4 Wie pünktlich kann die Bahn denn sein?

Seit 2011 veröffentlicht die Deutsche Bahn ihre Verspätungsstatistik im Internet [5]. Danach sind im Jahresmittel ca. 80 % aller Züge im Fern- und 94 % im Regionalverkehr pünktlich. Diese Zahlen beziehen sich auf das, was die Bahn etwas verschämt als *„5 min Pü“* – also 5-minütige Pünktlichkeit – bezeichnet. Das sind Ankünfte mit einer Verspätung bis zu 5 min und 59 s – der Volksmund sagt dazu einfach „unter 6 Minuten“. Auch für die Kategorie *„15 min Pü“* gibt es Zahlen; das sind alle Verspätungen unter 16 min. Die Veröffentlichung dieser Zahlen ist ein großer Fortschritt gegenüber früheren Jahren – die Bahn formuliert damit gleichsam einen Qualitätsanspruch an sich selbst. Eine große Stichprobe der Verspätungen auf dem Netz der Deutschen Bahn bestätigt übrigens, dass auch diese Ereignisse einem Potenzgesetz unterliegen; der Exponent liegt dabei im Personenfernverkehr bei −2,0 und im Nahverkehr bei −2,6 [Daten: DB Netz AG].

Die o. g. Zahlen stellen bundesweite Durchschnittswerte dar. Vielleicht ist das auch die Erklärung dafür, dass stichprobenartige Erhebungen anderer Organisationen zu leicht abweichenden Ergebnissen kommen. So veröffentlichte die Stiftung Warentest am 24.01.2012 ihre Untersuchung zur Pünktlichkeit an 20 deutschen Bahnhöfen. Im Mittel von mehr als zwei Millionen betrachteten Ankünften 2011 fand sie dabei 24 % verspäteter Züge.

Auch der Verkehrsclub Deutschland (VCD) veröffentlicht alljährlich die Ergebnisse von Umfragen zur Zufriedenheit der Reisenden. Im Hinblick auf die Verspätungen kommt er dabei zu Werten von bis zu einem Drittel aller Fahrten im Fernverkehr. Dabei ist die Rolle der Netzbelastung schön zu erkennen: Während in der Hauptverkehrszeit 33,6 % der Züge verspätet ankamen, sank dieser Wert für die verkehrsschwächeren Stunden auf 29,5 % – was immer noch ziemlich viel ist [7].

Derartige Untersuchungen bringen einen weiteren Aspekt ans Licht: den Unterschied zwischen der realen und der wahrgenommenen Verspätung. Dabei zeigt sich: Die Wahrnehmung von Verspätung übersteigt die wahre Verspätung beträchtlich. Das erinnert an Abschn. 3.2: unsere Wahrnehmung ist nichtlinear – im Guten wie im Schlechten. Auch die Bahn leidet offenbar unter einem allzu menschlichen Wahrnehmungsproblem – dem Gefühl des Ausgeliefertseins. Wer jemals auf der Autobahn in einem Stau gestanden hat, weiß: Das nervt! Geht's bald wieder vorwärts oder nicht? Nehme ich lieber die Umleitung oder bleibe ich hier? Soll ich vielleicht doch die Spur wechseln u. v. a. m. Auf deutschen Autobahnen hat es 2019 rund 700.000 Staus mit einer Gesamtlänge von 1,4 Mio. km gegeben [6]. Wie viel Zeit Sie darüber hinaus in innerstädtischen Staus „ver-standen" haben, können Sie selbst dazu rechnen. Der Unterschied zur Bahn ist aber: Im Auto glaubt man, das eigene Verhalten in der Hand zu haben, Störungen korrigieren zu können – dass dies häufig eine Illusion ist, wird dabei gern vergessen.

In der Bahn ist man zum Sitzen und Warten verurteilt. Stress baut sich auf. Schaffe ich nun den Anschluss oder nicht? Ärger kommt dazu: Wieso kann mir der Zugbegleiter nicht wenigstens sagen, wann es weitergeht und wie es weitergeht. Ist Ihnen auch schon aufgefallen, dass die Durchsage „Wegen Bauarbeiten verzögert sich die Weiterfahrt um wenige Minuten" meist erst kommt, wenn die wenigen Minuten bereits um sind und es *unmittelbar danach* weitergeht? Warum sagt der Zugbegleiter nicht *sofort* nach einem außerplanmäßigen Halt ein Wort der Erklärung und Beruhigung? Eine spürbare Verbesserung der

Informations- und Servicepolitik der Bahn wäre hier dringend geboten.

Was kann getan werden, um die Pünktlichkeit zu erhöhen?

Sicher hätte sich das oben erwähnte Eichhörnchen auch einen anderen Bahnhof aussuchen können, und der Schaden wäre geringer ausgefallen. Nicht jedes Eichhörnchen löst schließlich einen Hurrikan aus, der den Fahrplan durcheinanderwirbelt. Leider kommen Störungen wie diese aber immer wieder vor und können mit keinem vernünftigen Aufwand ausgeschlossen werden. Ein Baum stürzt auf die Gleise, ein Schaf steht auf der Schiene. Ganz zu schweigen von den tragischen Fällen, wo dies ein Mensch ist. Schließlich können nicht alle Gleise der Bahn hermetisch von der Außenwelt abgeschottet werden. Es sind die sogenannten externen Faktoren, die ca. ein Drittel der Verspätungen der Bahn verursachen. Zu diesen Faktoren gehört natürlich auch das Wetter. Lange sind die Zeiten vorbei, als die Bundesbahn mit dem Slogan „Alle reden vom Wetter. Wir nicht." warb. Der schneereiche Winter 2010/2011 hatte der Bahn arg zugesetzt. In den Folgejahren lief es wesentlich besser – die eingeleiteten Vorsorgemaßnahmen wie zusätzliche Weichenheizungen und Putzloks für vereiste Oberleitungen trugen sicher dazu bei. Aber auch die milden Winter der vergangenen Jahre kamen der Bahn vermutlich nicht ungelegen.

Ein weiteres Drittel der Verspätungen geht auf das Konto der Kapazitätsauslastung, des hohen Verkehrsaufkommens also. Auch hier ist es nicht einfach Abhilfe zu schaffen. Wir *wollen* doch schließlich, dass viele Züge fahren, und das möglichst schnell. Wir *wollen* doch nicht bei jedem Umsteigen eine viertel oder halbe Stunde auf den Anschluss warten. Das Netz *soll* also maximal belastet werden. Nun kann die Bahn aber in den seltensten Fällen einfach eine zusätzliche Linie legen, der Neubau von Strecken ist nur in ganz beschränktem Maße möglich. Deutschland ist ein dicht besiedeltes Land, und es ist eine Errungenschaft, dass Bahnhöfe häufig mitten in der Stadt liegen – leider mit der Folge, dass dann die Straßen und Häuser links und rechts der Strecke eine einfache Erhöhung der Kapazität durch Ausbau ausschließen. Hand aufs Herz: Würden Sie Ihr Haus verkaufen, damit die Bahn ein neues Gleis bauen kann?

Oder würden Sie auch nur einen neuen Schienenstrang in Hörweite haben wollen? Allein das Fällen alter Bäume für ein Bauprojekt löst bekanntlich schon Proteste aus.

Der Bahnhof steht nicht auf der grünen Wiese wie die meisten Flughäfen. Und das ist gut so, es ist ja schön, mitten in einer Stadt aus- und einsteigen zu können. Die *qualitative Aufrüstung* des Schienennetzes ist daher häufig der einzige Weg um höhere Geschwindigkeiten zu ermöglichen und damit eine höhere Durchlassfähigkeit zu erreichen. Eine Linderung der Kapazitätsengpässe kann darüber hinaus in gewissem Maße durch eine *Entmischung* der Verkehrsströme geschaffen werden – in vielen Knoten ist das durch separate Strecken für S-Bahnen und Nahverkehrszüge bereits geschehen.

Bleibt die dritte Gruppe von Verspätungsursachen: die eigentlichen betrieblichen Faktoren der Unternehmen, die auf dem Netz fahren – das sind zzt. über 400. Da wäre nun allerdings mehr zu machen. Sowohl in Menge als in Qualität bestehen hier die größten Reserven. Sicher kann nicht hinter jedem Zug eine Ersatzlok fahren. Selbst wenn man völlig von den Kosten absieht: Das dadurch entstehende System wäre nur auf den ersten Blick „besser". Es würde die Zugausfälle durch Triebwerksschäden verringern, aber die Belastung des Netzes weiter vergrößern. Im Bestreben, in einer Richtung eine Verbesserung zu erzielen, würden in anderen Parametern Verschlechterungen auftreten – das schöne Wörtchen „Verschlimmbesserung" drückt es trefflich aus. Ein angemessenes Bereithalten von Reservezügen würde aber schon die Auswirkung so mancher Störung lindern.

Sicher kann nicht jeder ICE nagelneu aus der Fertigung kommen, aber die über Jahre andauernden Schwierigkeiten mit Radachsen oder Neigetechnik sollten schneller lösbar sein. Letztlich kann man auch darüber streiten, wie viele Mitarbeiter zum ordnungsgemäßen Betrieb eines solch riesigen Systems benötigt werden und ob jede frei werdende Stelle wirklich abgebaut werden muss. Alle Maßnahmen zur Verbesserung der betrieblichen Abläufe kosten natürlich Geld, das am Ende von den Kunden eingefordert wird. Die Bahn ist mittlerweile ein privates Unternehmen, das Geld verdienen muss. Aber ist sie nicht genau so systemrelevant, wie dies häufig von den Banken behauptet wird? Und steht der Staat dann nicht unverändert in der Pflicht, ein funktionierendes Bahnsystem zu sichern?

Wie auch immer, im Idealfall könnten diese Verspätungsursachen deutlich reduziert werden. Wir würden also ein Drittel der Faktoren ausschalten, die zu Störungen führen. Statt 20 % Verspätung im Fernverkehr hätten wir dann noch 13,5 – oder, wenn man die Statistik des VCD zugrunde legt – statt 30 % nur noch 20. Das wäre doch schon ein Fortschritt!

Übrigens liegt es auch in Ihrer Hand, lieber Leser, hier Verbesserungen herbei zu führen. Unternehmen testen nämlich gern die Belastbarkeit der Kunden und nehmen sie auf das gerade noch Zulässige in Anspruch. Darin unterscheidet sich die Bahn nicht von anderen Organisationen. Auch das ist eine Art von „Betrieb am Chaosrand“. Machen Sie also Ihrem Ärger über Verspätungen, Ihrem Unmut über Informations- oder Servicedefizite ruhig Luft – natürlich gern auch Ihrem Lob über besonders höfliche Mitarbeiter; sie tragen dazu diesen Sticker an der Brust.

Um noch auf eine Frage einzugehen, die oft gestellt wird: War die Bahn früher pünktlicher?

Dazu kenne ich keine Statistik. Ich kann nur aus meiner eigenen Erfahrung sagen: Nein, zumindest die „Deutsche Reichsbahn“ in der DDR war nicht pünktlicher. Ich erinnere mich, wie ich mich oft geärgert habe, dass der normale Personenverkehr hintangestellt wurde, um „priorisierten Zügen“ die Fahrplantreue zu ermöglichen. Dazu gehörten neben den seit 1976 eingesetzten „Bonzenschleudern“, d. h. den Expresszügen zwischen den Bezirksstädten und Berlin, auch die ins Ausland führenden Anschlüsse, für die sonst Vertragsstrafen – teils in „harter Währung“ – fällig gewesen wären. Auch die weit verbreitete Eingleisigkeit der Streckenführung – ein Ergebnis u. a. der Reparationsleistungen an die Sowjetunion – machten Pünktlichkeit zu einer eher schwierigen Sache.

Wichtig
Die Bahn ist eine komplexe Organisation. Wenn komplexe Systeme zum „edge of chaos" streben, dann macht natürlich auch die Bahn keine Ausnahme. Allein das Netz ist komplex im Sinne dieses Buches. Allerdings ist es eine beherrschbare – und auch weitgehend beherrschte – Komplexität. Viele Probleme der Bahn mit der Pünktlichkeit sind verursacht durch die wachsenden Herausforderungen an sie:

Sie soll schneller werden – wir wollen doch schnell ans Ziel kommen. Die zulässigen Höchstgeschwindigkeiten sollen also ausgefahren werden? Natürlich ja. Der Preis dafür ist klar: Ein Aufholen von Verspätungen ist praktisch nicht möglich.

Es sollen so viele Züge wie möglich fahren – wir wollen es doch bequem haben! Mehr Züge sind doch besser als wenige, nicht wahr? Die Folge: Das Netz ist an der Grenze der Belastbarkeit.

Es müssen mehr Güter auf die Schiene gebracht werden – das ist doch gut für die Umwelt. Das Ergebnis: Der Mischverkehr auf den Strecken nimmt zu und damit auch die gegenseitige Verflechtung.

Der Chaosrand lässt grüßen …

Literatur

1. Daten: https://de.statista.com/statistik/daten/studie/1048284/umfrage/laenge-des-eisenbahnnetzes-ausgewaehlter-industrienationen/
2. Daten: http://de.wikipedia.org/wiki/Geschichte_der_Eisenbahn_in_Deutschland, https://de.statista.com/statistik/daten/studie/2973/umfrage/entwicklung-der-gesamtlaenge-des-schienennetzes-in-deutschland/
3. D Lübke (Koordination): Handbuch Das System Bahn. DVV Media Group GmbH Eurailpress, Hamburg 2008
4. Deutsche Bahn, Daten und Fakten 2020, Deutsche Bahn AG
5. http://www.bahn.de/p/view/buchung/auskunft/puenktlichkeit_personenverkehr.shtml
6. ADAC-Staubericht 2019
7. VCD Hintergrund. VCD Bahntest 2011. VCD e. V. 11/2011

9 Bitte zurücktreten! – 5 Wege, Komplexität zu reduzieren

Zusammenfassung

Systeme neigen dazu ihre Komplexität zu erhöhen und einen Zustand am Rande zum Chaos einzunehmen. Aber das Chaos ist nicht beherrschbar: Wenn etwas einigermaßen ordentlich und trotzdem effizient ablaufen soll, dann muss es im stabilen, im regulären Bereich arbeiten. Ideal ist dabei der Zustand kurz vor dem kritischen Punkt. Da Systeme jedoch gern auf diesen zulaufen, müssen wir Maßnahmen ergreifen, die sie vorm Sturz ins Chaos bewahren.

Ein System kann stabilisiert werden, indem man seine Komplexität reduziert. Fünf Möglichkeiten dafür sind im Folgenden aufgezeigt.

9.1 Simplify your System

Sie kennen das Buch „Simplify your Life" [1]? Kurz gesagt, lautet sein zentraler Gedanke: Durch Weniger Mehr! Nun gut, das versprechen auch viele Religionen und Heilsphilosophien. Im Konkreten geht es aber um durchaus nützliche und ganz pragmatische Ratschläge. Also z. B. wie man durch weniger Unordnung mehr Freiheit gewinnt.

Besonders imponiert hat mir die „75 %-Regel": Löse alle Probleme nicht erst, wenn es unbedingt sein muss, sondern wenn

F.-M. Dittes, *Komplexität*, Technik im Fokus,
https://doi.org/10.1007/978-3-662-63493-6_9

sie zu 3/4 herangereift sind. Also: Räum Dein Mail-Fach nicht erst dann auf, wenn Du wegen Überschreiten der zugelassenen Speichergröße keine E-Mails mehr senden darfst. Tu es, wenn noch Platz ist. Räum Deinen Schreibtisch o. ä. nicht erst dann auf, wenn kein neuer Stapel mehr drauf passt, sondern wenn noch Platz zum Umsortieren frei ist. Mach Deine Abschlussarbeit nicht erst zum Stichtag fertig – was ja meistens auf eine „Stich-Nacht" hinausläuft. Tu' so, als wäre der Abgabetermin eine Woche vorher. Ich meine, tu *wirklich* so! Sprich mit dem Nachbarn, dem Kollegen, dem Chef über eine Sache, die euer Verhältnis belastet nicht erst, wenn Du es partout nicht mehr aushältst. Verschaff Dir Luft, solange Du noch Luft hast. Und so weiter und so fort [1]. Toll, nicht wahr!?

Im Ernst, es *ist* toll. Im Kontext unseres Besuches besagt es nämlich: Halte Abstand, Abstand vom kritischen Punkt! Dort passieren die großen Störungen. Und große Störungen sind nur etwas für große Systeme. Die halten in der Regel ein paar „Katastrophen" aus. Für den Einzelnen ist es jedoch meist sehr unangenehm, in den kritischen Zustand zu geraten. Ihn zu riskieren hat nur dann Sinn, wenn dies der einzige Weg ist etwas wirklich Wichtiges zu erreichen. Und selbst dann ist „volles Risiko" eine eher zweifelhafte Strategie.

Erreicht werden kann die Stabilisierung des Systems also durch *Vereinfachen.* Vereinfachen heißt: Beschränke Dich auf die wesentlichen Funktionen des Systems. Verzichte auf die Ausprägung aller Vernetzungen und Verfeinerungen. Halte das System „schlank".

9.2 Vergiss die Puffer nicht

Puffer – wir kennen das Wort von der Eisenbahn – wirken dem ungebremsten Zusammenstoßen der Waggons entgegen. Im übertragenen Sinne verhindern sie, dass das System an seine Grenze, eben an den Rand zum Chaos geht.

Die Bahn setzt Puffer deshalb ganz bewusst nicht nur beim Zusammenbau von Zügen ein. Auch im Fahrplan sind Puffer enthalten – in Form von Aufschlägen für Störungen und Bauarbeiten. Und als ich vor Jahren eine ältere Dame als Nachbarin im Abteil hatte, musste ich mir die ganze Fahrt über ihre Sorgen anhören: „Ob wir denn den Anschluss schaffen? Hoffentlich wartet der Zug! Früher hatte ich eine Viertelstunde Zeit zum Umsteigen. Jetzt sind es nur noch 6 min …" Die alte Dame hat ihren Zug gekriegt. Und die Bahn? Sie hat mittlerweile diese Ängste erhört und beim Umsteigen wieder größere Pufferzeiten eingeplant.

Auch auf anderen Gebieten können Puffer von Nutzen sein. Im Zuge der Finanzkrise von 2008 wurde – zum wiederholten Male – die Einführung einer Finanztransaktionssteuer vorgeschlagen. Eine solche Steuer würde einen Puffer darstellen, indem sie den ungebremsten Handel mit Aktien etc. erschwert. Die Frankfurter Börse garantiert den Händlern zzt. Transaktionszeiten von maximal 700 µs. Mikro! Ein Händler könnte also mehr als 1300 Transaktionen *pro Sekunde* vornehmen – ein offensichtlicher Weg in die Instabilität des Systems. Mehr noch, mit solcher Geschwindigkeit können nur Computer agieren. Und Computer sind fehlerhaft und insbesondere auf neuartige, evtl. krisenhafte Situationen häufig unzureichend vorbereitet. Natürlich ist auch der Mensch fehlerbehaftet, aber besonders schlimm wird es, wenn beide Fehler zusammenkommen. So ist der Absturz des Dow Jones am 6. Mai 2010 durch den „Fehlgriff" eines Händlers ausgelöst worden, der beim Verkauf eines Aktienpakets statt auf die „m" (d. h. million) auf die „b" (d. h. billion)-Taste gekommen war – der Unterschied ist bekanntlich beträchtlich. Andere Handelscomputer haben dies als Beginn einer riesigen Verkaufswelle interpretiert und blitzschnell abgestoßen, so viel sie konnten. Innerhalb von Sekunden sackte der Index um über 1000 Punkte, d. h. fast 10 % seines Wertes ab. Verschiedene Untersuchungen dieses Vorfalls kamen zu dem Schluss, dass die erwähnte Verwechslung zweier Buchstaben auf einen Markt traf, der so fragil war, dass eine einzelne große Order eine jähe Abwärtsspirale auslösen konnte. Vielleicht war dem Händler gerade ein Schmetterling über die Tastatur geflattert?

Geholfen hätte hier eine Bedenkzeit (große Beträge werden langsamer abgewickelt als kleine) oder eine finanzielle Strafe (eben die Transaktionssteuer) – praktisch jede Art von Puffer hätte das System stabilisiert. Auch das immer wieder diskutierte Verbot von Leerverkäufen hätte als solcher dienen können. Es hätte verhindert, dass ein Händler mehr Aktien verkauft als er überhaupt besitzen kann und die betreffende Order wäre gar nicht erst angenommen worden.

9.3 Teile und herrsche

Ein erstaunlich einfaches Rezept, Komplexität zu reduzieren, besteht darin, das System in Teile zu zerlegen und diese einzeln zu betrachten. Stellen Sie sich vor, wir hätten in Kap. 4 nicht *einen* großen Sandhaufen betrachtet, sondern viele kleinere. Oder wir hätten den Sandhaufen durch Trennwände in Abschnitte zerlegt. Beide Verfahren hätten zu einer Stabilisierung des Systems beigetragen. Die maximale Lawinengröße wäre nämlich eingeschränkt worden – kleinere Systeme können nicht so viel Schaden anrichten. Allerdings bringen sie auch nicht so viel Nutzen. Um beim Beispiel des Sandhaufens zu bleiben: Es passt eben weniger Sand auf eine vorgegebene Fläche, wenn ich nur kleine Häufchen anlegen darf. Der Drang, mehr anzuhäufen, führt deshalb immer wieder dazu, Teilungen des Systems abzuschaffen – mit allen in diesem Buch beschriebenen Folgen.

Teilen und herrschen hat eine lange Tradition. Bereits die alten Römer haben es zur Ausübung von militärischer und politischer Macht angewandt. Aber auch im Alltag ist die Zerlegung eines Problems in kleinere eine bewährte Vorgehensweise. Wenn Sie vor Arbeit nicht ein noch aus wissen, wenn sich die Probleme türmen, fangen Sie einfach mit der Bearbeitung *einer* Aufgabe an. Vielleicht bleiben andere Sachen dadurch zunächst noch mehr liegen, aber die kommen ja als nächstes an die Reihe! Schritt für Schritt ergibt sich so die Lösung des Gesamtproblems. In Klausuren sage ich meinen Studenten deshalb auch: Seht euch alle Aufgaben an und sortiert sie nach der Einfachheit. Konzentriert euch dann auf die einfachste und fangt mit dieser an!

9.4 Exportiere Probleme

Wenn Du ein Problem nicht lösen kannst, gib es weiter! Den Erfolg dieser Strategie hatten wir in Abschn. 4.3 illustriert: Im Erdbebenmodell wurden große Beben dadurch verhindert, dass Spannung aus dem System exportiert wurde. Jedes Mal, wenn eine Feder riss, durfte das System einen Teil der aufgebauten Spannung „wegschaffen". Das Ergebnis war eine drastische Abnahme großer Beben – das System konnte so im unterkritischen Bereich verbleiben.

Allerdings muss dafür gesorgt werden, dass die exportierten Probleme sich nicht an anderer Stelle aufstauen und irgendwann auf das System zurückfallen können. Als Beispiel für diese Gefahr mag noch einmal die Finanzkrise dienen. Um Kettenreaktionen(„Dominoeffekte") zu vermeiden, durften Banken ab 2008 massiv Probleme exportieren – sie werden ja als „systemtragend" angesehen. Man lagerte faule Kredite in „bad banks" aus, die gestützt wurden. Die Probleme konnten also an den Staat, d. h. an den Steuerzahler und letztendlich an die gesamte Gesellschaft, weitergegeben werden.

Gegen diese Vorgehensweise ist zunächst nichts einzuwenden; sie entspricht genau dem Ratschlag „exportiere Probleme". Gefährlich wird es, wenn das Exportieren kein Ende nimmt. So wurde bereits 2011 die nächste Stufe der Auslagerungsspirale beschlossen: Die Staaten der EU delegierten ihre Probleme an die Europäische Zentralbank (EZB) und erweiterten radikal deren Vollmacht, an den Finanzmärkten einzugreifen. Die EZB mag das momentan noch verkraften. Aber auf lange Sicht? Wohin soll sie *ihre* Probleme exportieren? Wehe, es beginnen auch dort „die Federn zu reißen"! Irgendwann hat die gesamte Gesellschaft keine Möglichkeit mehr Spannungen zu exportieren – die Krise würde dann wirklich auf alle zurückfallen und das gesamte System unmittelbar bedrohen.

9.5 Auf zu neuen Horizonten

Diese Strategie ist eng verknüpft mit dem Export von Problemen, wie im vorangegangenen Abschnitt beschrieben. Sie besagt: Wenn Du ein Problem nicht lösen kannst, umgehe es. Betrachte dazu das Problem von außen, von oben, versuche einen anderen Blickwinkel einzunehmen. Beziehe in die Lösung des Problems Unbeteiligte, Unbefangene ein. Bei sozialen Konflikten werden dazu gern Mediatoren eingesetzt, in der Chemie spricht man von Katalysatoren: Personen oder Reagenzien, die helfen, Ordnung in das System zu bringen und sich danach wieder unverändert aus ihm entfernen.

Beziehe also die *Umgebung* eines Systems in die Lösung seiner Probleme ein. Sie kennen das Rätsel vom Kutscher, der seinen drei Söhnen sieben Pferde vererbte – mit der Maßgabe, dass der älteste die Hälfte, der zweite ein Viertel und der dritte ein Achtel bekommen sollte? Eine offenbar unlösbare Aufgabe. Erst durch die Einbeziehung eines Außenstehenden, der den ratlosen Kindern sein Pferd gab, konnte die Teilung vorgenommen werden. Und plötzlich war das achte Pferd sogar wieder „übrig".

Um auf die Sprache der Netze zurückzukommen: Ein Knoten, der in zwei Dimensionen unentwirrbar scheint, löst sich plötzlich, wenn man die dritte Dimension einbezieht: Man baut eine Brücke, vertauscht vielleicht zwei Stränge, und schon erkennt man im scheinbaren Chaos wieder mehr Ordnung.

Literatur

1. W T Küstenmacher, L Seiwert: Simplify your Life – Einfacher und glücklicher leben. Campus Verlag, 2016

10 Zum Schluss: Verweile doch, du bist so schön

Zusammenfassung

Wir haben unsere Reise durch das Reich der Komplexität nun abgeschlossen. Ich hoffe, ich konnte Sie sowohl von der Unausweichlichkeit der Bildung komplexer Strukturen und deren Nutzen als auch von den damit verbundenen Gefahren überzeugen. Beherrschbare Komplexität mit überschaubaren Risiken sollte immer angestrebt werden – auch die Bahn würde dadurch pünktlicher.

Bereits Goethe hat es gewusst: kein Zustand, kein noch so schöner Augenblick währt ewig, alles strebt zu „Höherem", was immer das auch sei. Beim Lesen dieses Buches haben Sie Ähnliches gesehen: Systeme gehen an ihre Grenzen – oft ohne unser bewusstes oder unbewusstes Zutun. Um sie zu erhalten, muss man etwas tun. Denn Komplexität hat eine Kehrseite: Die Reise kann auch ins Chaos führen, wenn sich niemand dagegenstemmt. Es ist deshalb wichtig, die Komplexität unserer Welt zu verstehen. Nur dann können wir aktiv eingreifen, wenn es nötig ist, oder auch „Risiken und Nebenwirkungen" einmal gelassen hinnehmen.

Anliegen dieses Buches war es daher, Aspekte der Komplexität an einfachen Beispielen darzustellen. Schon die Formulierung zeigt: Das ist ein Widerspruch in sich! Dessen ungeachtet habe

F.-M. Dittes, *Komplexität,* Technik im Fokus,
https://doi.org/10.1007/978-3-662-63493-6_10

ich versucht, einige allgemein gültige Prinzipien der Entstehung und des Funktionierens komplexer Systeme aufzuzeigen:

Systeme streben zu höchstmöglicher Komplexität. Sie verschaffen sich dadurch Vorteile gegenüber Konkurrenten, sie maximieren ihre Funktionalität und ihre Flexibilität. Komplexe Systeme zeichnen sich durch einen Reichtum an Strukturen „auf allen Skalen" aus; die zugehörigen Verteilungsfunktionen sind dabei Potenzgesetze.

Zur Komplexität gehören aber nicht nur erhöhter Nutzen, sondern auch Störungen, Fluktuationen, Katastrophen. Unmittelbar hinter der maximalen Komplexität lauert das Chaos! Komplexe Systeme sind in diesem Sinne *kritisch:* Sie befinden sich an der Grenze zwischen Regularität und Chaos – am Chaosrand. Damit Systeme optimal funktionieren können, müssen sie in einem Zustand kurz vor dieser kritischen Grenze gehalten werden. Dort zu verweilen, ist das erstrebenswerte Ziel.

Kommen wir ein letztes Mal auf unser Paradebeispiel zurück – die Bahn: Weder ist sie *nie* pünktlich noch funktioniert sie wie ein Uhrwerk. Sie ist hochkomplex und doch wird diese Komplexität beherrscht – meistens jedenfalls. Die gelegentliche Unpünktlichkeit liegt dabei ganz wesentlich in ihrer Komplexität begründet. Die Bahn ist ein Beispiel dafür, dass Komplexität gut ist, maßvolle Reduktion von Komplexität das System aber noch besser machen kann!

Danksagung
Mein Dank gebührt zuallererst meinen Kollegen Viktor Wesselak und Thomas Schabbach, die mich zum Schreiben dieses Buches ermutigt und mir immer wieder den Rücken gestärkt haben. Verbunden bin ich den Mitarbeitern der Pressestelle der Deutschen Bahn und der DB Netz AG, die mich mit zahlreichen Informationen zum Thema Bahn versorgt und mein Verständnis für ihren Betrieb verbessert haben, sowie dem Springer-Verlag für die gute Zusammenarbeit.

Dieses Buch wäre nicht möglich gewesen ohne meine Arbeit an Forschungseinrichtungen wie dem Helmholtz-Zentrum Dresden-Rossendorf, dem Max-Planck-Institut für Physik komplexer Systeme Dresden, dem Weizmann Institute of Science Rehovot/Israel und der Hochschule Nordhausen. Im Laufe der Jahre habe ich dort direkt oder indirekt komplexe Systeme untersucht und vielfältige Erfahrungen mit ihnen gesammelt. Für diese Möglichkeiten möchte ich mich ebenfalls bedanken.

Ich danke meiner Familie, insbesondere meiner Frau, die mich in jeder Beziehung unterstützt hat. Viele Hinweise und manch gute Formulierung verdanke ich ihr. Zahlreiche Verwandte und Bekannte haben mir in verschiedenen Stadien der Arbeit wertvolle Rückmeldungen und Anregungen gegeben, auch dafür bedanke ich mich ganz herzlich.

Anhang: Wenn's mal wieder länger dauert

11

Zusammenfassung

Komplexität ist nicht allein auf große Systeme beschränkt. Auch in ganz alltäglichen Situationen finden sich ihre Anzeichen.
Die folgenden Seiten sollen Ihnen ein paar Anregungen für schöne lange Bahnfahrten vermitteln. Natürlich stehen sie alle in Zusammenhang mit dem Thema des Buches. Sehen Sie selbst:

11.1 Eine Runde Poker spielen

Hätten Sie es für möglich gehalten: Am 9. November 2011 sind „wir" Pokerweltmeister geworden. An diesem Tag gewann der 22 jährige Berliner Pius Heinz die „World Series of Poker Main Events" in der gern gespielten Variante „Texas Hold'em". Dabei sitzen zunächst bis zu 10 Spieler an einem Tisch. Jeder bekommt 2 Karten aus einem gewöhnlichen 52er Stapel Spielkarten – eine sogenannte „Hand", auf deren Grundlage er sein Spielverhalten einrichten muss.

Nun soll dieser Abschnitt natürlich keine Anleitung zum Pokerspielen darstellen. Sie werden im Zug auch kaum 10 Spieler an einen Tisch bekommen. Vielmehr soll er illustrieren,

F.-M. Dittes, *Komplexität,* Technik im Fokus,
https://doi.org/10.1007/978-3-662-63493-6_11

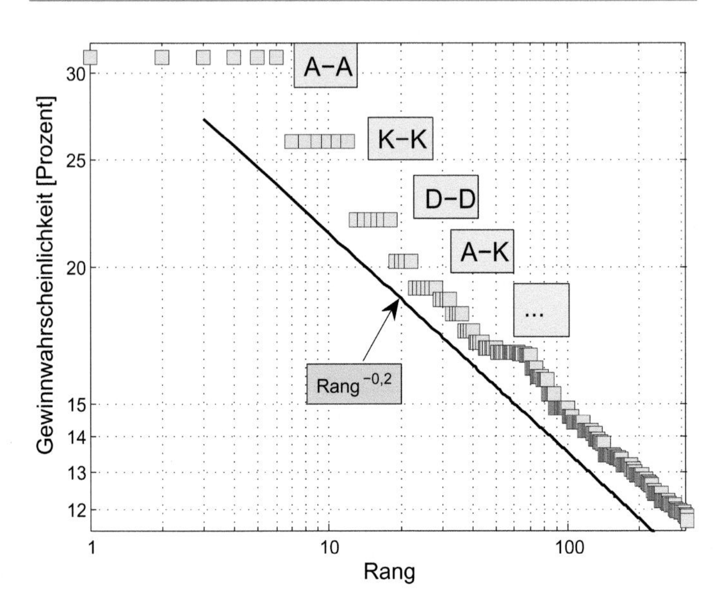

Abb. 11.1 Gewinnerwartung beim Pokern in Abhängigkeit von den ersten beiden Karten

dass Poker *komplex* ist. Und zwar genau in dem Sinn von Komplexität, den wir in diesem Buch herausgearbeitet haben.

Konkret: Die Wahrscheinlichkeit, eine „Gewinn-Hand" zu haben, d.sh. gegen die anderen 9 Spieler zu gewinnen, folgt wieder einem Potenzgesetz, s. Abb. 11.1 (Daten nach [1]). Jedenfalls ist das für die besten ca. 300 der insgesamt $52{\cdot}51/2 = 1326$ „Hände" der Fall, und eine noch schwächere Hand sollte man sowieso nicht spielen – die Gewinnwahrscheinlichkeit liegt dann nämlich nur noch bei 10 %. Und 10 % Wahrscheinlichkeit bei 10 Spielern, da können Sie auch gleich würfeln.

Vielleicht liegt in der potenzartigen Verteilung gerade der Reiz des Spiels – sie ist ja im Sinne unseres Buches eine Voraussetzung für Komplexität. Allerdings ist der charakteristische Exponent mit 0,2 eher klein. Das Verhalten ist also näher am zufälligen – das würde ja bedeuten, alle „Hände" sind gleich gut, der Exponent wäre dann 0 – als am komplexen, für den ein Exponent von 1 typisch wäre. Aber immerhin, ein gerüttelt Maß Komplexität ist schon dabei – anders als bei Spielen, die auf reinem Zufall beruhen. Und im Pokern zu gewinnen, darauf kann man schon stolz sein. Oder möchten Sie etwa Weltmeister im „Schwarzer-Peter"-Spielen werden?

11.2 Wie geht's weiter mit dem Geld?

Millionen, Milliarden, Billionen – alle Welt braucht Geld. Man muss es nicht mal mehr drucken – nichts ist einfacher als im Computer eine Null anzuhängen. Droht denn wieder eine Inflation? Kann man vielleicht vorhersagen, ob sie kommt, wann sie kommt? Oder ist es wie mit dem Wetter oder der Börse, bei denen bekanntlich gilt: „Prognosen sind schwierig, besonders wenn sie die Zukunft betreffen."

Die Geschichte lehrt: Man kann! Wenn man sich von der Komplexitätslehre helfen lässt – die ist nämlich schlauer als die Politik.

Betrachten wir dazu die große Inflation der 1920er Jahre in Deutschland. Nach einem allmählichen Beginn in der Folge des 1. Weltkriegs nahm die Geldentwertung 1922 und 1923 immer dramatischere Züge an. Erst mit der Einführung der Rentenmark am 15. November 1923 wurde dieser Entwicklung ein Ende gesetzt; eine Rentenmark entsprach dabei in etwa der Vorkriegs-Goldmark und ersetzte 1 Mrd Mark des in Umlauf befindlichen Papiergelds.

Nun gibt es etwas Bemerkenswertes an dieser Inflation: Die Geldentwertung hat nicht einfach „rasant zugenommen" – sondern sie folgte einem Potenzgesetz. Mehr noch: Sie wurde durch ein Potenzgesetz bestimmt! Um das zu zeigen, sind in Abb. 11.2 die Umtauschkurse Goldmark zu Papiermark als schwarze Quadrate markiert (Daten nach [2]). Der zeitliche Abstand zur Währungsreform vom 15. November 1923 nimmt dabei nach rechts zu. Die Abbildung ist in bewährter Weise doppelt-logarithmisch, und die Quadrate liegen näherungsweise auf einer Geraden. Diese beginnt mit dem Wert vom 31. Januar 1918, d. h. über 2000 Tage vor der Währungsumstellung! Lediglich der ganz rechts eingetragene Datenpunkt fällt aus der Reihe – aber der entspricht dem 1. Juli 1914, als die Inflation wirklich noch nicht begonnen hatte.

Der Verlauf der Inflation folgte also einem Potenzgesetz! Das sieht man besonders schön, wenn man sich eines Tricks bedient: Verschieben wir in Gedanken den Tag, an dem die Inflation gestoppt wurde zu späteren oder auch zu früheren Zeiten hin – in Abb. 11.2 ist der entsprechende Verlauf für verschiedene solche Zeitpunkte gezeigt. Auf diese Weise lässt sich ein Zeitpunkt finden, der die Werte *am besten* auf einer Geraden anordnet. Er bildet den *optimalen Zeitpunkt* der Währungsreform; auf ihn läuft die Inflation – immer ein Potenzgesetz unterstellt – hin, er bildet ihren natürlichen Abschluss. In der Realität wurde er um 14 Tage verfehlt; die Politik hinkte der Realität hinterher – das war damals nicht anders als heute. Halbherzige Versuche wie

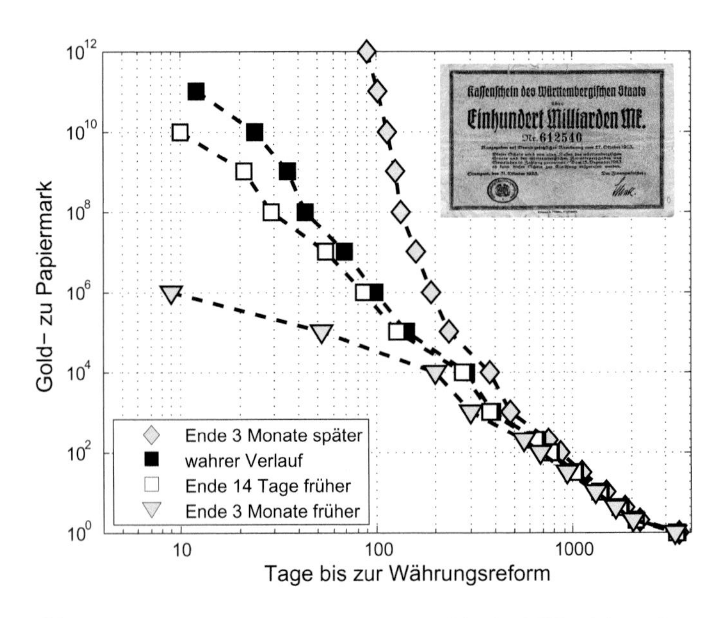

Abb. 11.2 Verlauf der Inflation in Deutschland in den 1920er Jahren. Dargestellt ist der wahre Verlauf und die simulierte Entwicklung bei anderen End-Zeitpunkten. Die Kursentwicklung folgte näherungsweise einem Potenzgesetz – Ausdruck der Komplexität des zugrunde liegenden Prozesses

die Reformmaßnahmen vom Sommer 1923 verzögerten die Entwicklung nur etwas. Anschließend brach sie umso brutaler wieder aus.

Die deutsche Inflation war übrigens nichts im Vergleich zu der, die in Ungarn nach dem 2. Weltkrieg den guten alten Pengö zu Fall und den Forint hervorbrachte. Auch diese Inflation verlief näherungsweise nach einem Potenzgesetz. Sie begann ganz langsam im Sommer 1945 und endete am 1. August 1946 mit der Einführung des Forint zum Kurs von sage und schreibe $4 \cdot 10^{29}$ Pengö. Und $4 \cdot 10^{29}$ ist eine sehr große Zahl. Das ist z. B. 10-mal mehr als $4 \cdot 10^{28}$ – und das ist schon viel! $4 \cdot 10^{29}$ ist ja eine Vier mit 29 Nullen, in Worten: Vierhundert Quadrilliarden – dagegen nimmt sich die deutsche Billion fast schon bescheiden aus.

Man kann die sich anbahnende Inflation also schon frühzeitig erkennen. Mehr noch, auch ihr Verlauf deutet sich schon an, lange bevor sie dramatische Ausmaße annimmt. Und sogar der Zeitpunkt ihres Endes ist vorhersehbar. Seien Sie also immer aufmerksam. Und legen Sie schon mal Millimeterpapier bereit. Doppelt-logarithmisches, versteht sich.

11.3 Schneeflocken basteln

In Abschn. 6.4 kamen wir am Beispiel des Übergangs Ordnung $\longleftrightarrow$ Chaos auf *Fraktale* zu sprechen – Gebilde, die in jedem Punkt „gebrochen“ sind und deren Strukturen sich in immer feinerer Ausdehnung auf allen Skalen wiederholen. Beispiele haben wir in Abschn. 6.4 angeführt.

Hier wollen wir ein einfaches Fraktal konstruieren – die Koch-Kurve: Zeichnen Sie dazu ein gleichseitiges Dreieck, am besten mit einem Bleistift auf ein großes Blatt Papier. Teilen Sie jetzt jede Seite in 3 gleiche Teile und radieren Sie das mittlere Drittel weg. Stattdessen setzen Sie auf dieses mittlere Drittel nach außen ein gleichseitiges Dreieck, s. Abb. 11.3. Das hat natürlich eine geringere Seitenlänge. Das Ganze sieht jetzt schon ein bisschen wie eine Schneeflocke aus, nicht wahr. Wiederholen Sie nun die Prozedur, sooft Sie wollen. Von Schritt zu Schritt werden es immer mehr Strecken, die Sie dritteln, dann radieren, und zu guter Letzt mit einem kleinen „Hütchen“ versehen müssen. Und von Schritt zu Schritt bilden sich immer feinere Details heraus und die Figur sieht einer Schneeflocke immer ähnlicher.

Dabei ist die gesamte Kurve *selbstähnlich*, d. h. jeder Teil ähnelt dem Ganzen: Würde ich Ihnen einen Kurvenausschnitt zeigen, auf den ich mit einer Lupe geschaut habe – Sie könnten nicht sagen, wie groß das gezeigte Detail in Wahrheit ist. Ein und dasselbe Bild würde sich auf allen Detailierungsstufen wiederholen! Mit anderen Worten: Unsere Schneeflocke hat keine charakteristische Längenskala – wir treffen auch bei ihr auf die *Skalenfreiheit,* die sich durch das gesamte vorliegende Buch gezogen hat.

Das in Abb. 11.3 gezeigte Fraktal wird zu Ehren seines Erfinders, des schwedischen Mathematikers Helge von Koch (1870–1924), Koch-Kurve genannt. Genau genommen hat Herr Koch nur eine einzelne Strecke betrachtet und seinem „Hütchen"-Prozess unterzogen. Aber aus einer einzelnen Strecke lassen sich schlecht Schneeflocken basteln, deshalb sind in Abb. 11.3 eben drei genommen und zu einem Dreieck zusammengefügt worden.

Wie in Abschn. 6.4 am Beispiel des „Apfelmännchens" schon erwähnt, haben Fraktale sonderbare Eigenschaften. Anhand der Koch-Kurve sieht man z. B. sehr schön, dass ihre *Länge* von Schritt zu Schritt größer wird. In der Tat, wenn wir die Seitenlänge des Ausgangsdreiecks in Abb. 11.3 mit 1 ansetzen, dann ist der Umfang des Dreiecks gleich 3. Nach einer Iteration hat die Schneeflocke einen Rand, der aus $3 \cdot 4 = 12$ Strecken besteht, jede mit der Länge 1/3. Macht zusammen eine Länge von $12 \cdot 1/3 = 4$.

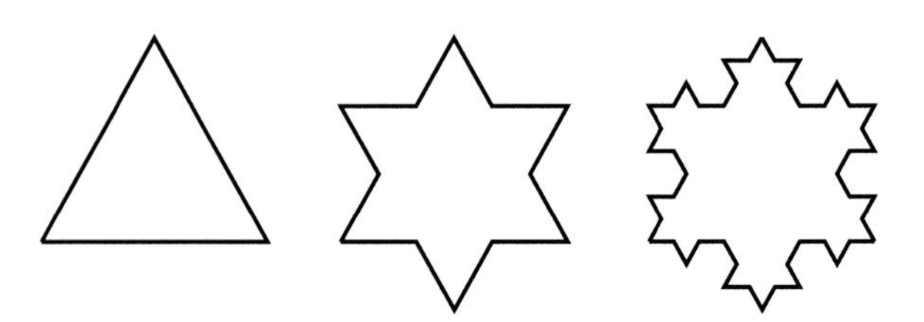

Abb. 11.3 Iterationsschritte der Koch-Kurve: Jeder gerade Abschnitt wird immer wieder durch ein „Hütchen" ersetzt

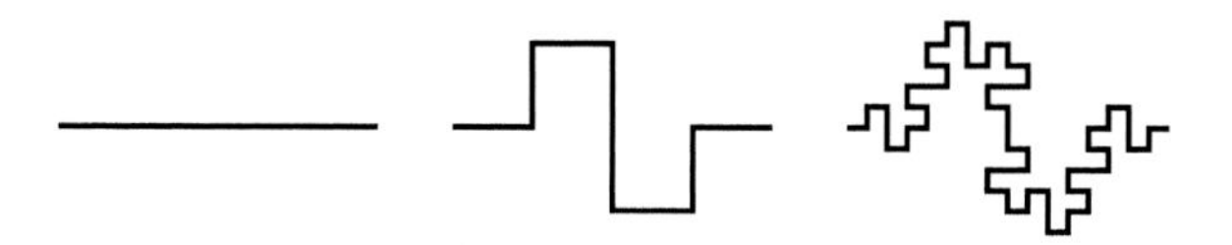

Abb. 11.4 Fraktale Strecke. Die Konstruktion erfolgt analog zur Iteration der Kochkurve, wobei anstelle des Hütchens eine kompliziertere Faltung verwendet wird

Nach 2 Iterationen sind es schon $3 \cdot 4 \cdot 4$ Strecken, jede mit einer Länge von 1/9, das macht zusammen $3 \cdot 4 \cdot 4 \cdot 1/9 = 3 \cdot (4/3)^2 \approx 5{,}33$. Nach der dritten Iteration wäre die Länge der Kurve schon $3 \cdot (4/3)^3 \approx 7{,}1$. Nach der n-ten Iteration wären es $3 \cdot (4/3)^n$. Mit wachsendem n strebt die Länge also gegen unendlich! Das erklärt auch, warum es so schwierig ist, unsere Schneeflocke zu zeichnen oder mit einer Schere auszuschneiden.

Es muss übrigens nicht unbedingt die Koch-Kurve sein – lassen Sie Ihrer Phantasie beim „fraktalen Basteln" freien Lauf! Wichtig ist nur, dass Sie selbstähnlich handeln, dass also *ein und dasselbe Konstruktionsprinzip* auf allen Iterationsstufen angewendet wird – wir wollen ja Strukturen auf *allen* Skalen haben. Sie können z. B. Papierstreifen oder Servietten falten. Starten Sie dazu mit einem geraden Stück und knicken Sie es nach der Vorschrift „gerade Strecke → gerade – nach oben – gerade – nach unten – nach unten – gerade – nach oben – gerade" (s. Abb. 11.4). Sie ersetzen also in jedem Schritt ein gerades Stück durch 8 Strecken, von denen jede ein Viertel der vorigen Länge hat. Schon nach wenigen Schritten erhalten Sie ein ausreichend kunstvolles Gebilde. Aber legen Sie genug Papier zurecht, auch diese Kurve wird von Schritt zu Schritt länger!

11.4 Ein Netz entwerfen

Sie sind mit dem Netz der Deutschen Bahn unzufrieden? Entwerfen Sie Ihr eigenes.

Zeichnen Sie dazu ein Netz – so, dass Sie es als schön empfinden. Zählen Sie anschließend die Valenz jedes Knotens und bestimmen Sie die resultierende Valenzverteilung.

Vergleichen Sie Ihr Netz mit dem Ihres Nachbarn oder Ihrer Nachbarin. Wer malt das „skalenfreieste“ Netz?

Diese Übung eignet sich auch sehr gut, um den auf langweiligen Meetings häufig spontan entstehenden „Randnotizen“ einen wissenschaftlichen Anstrich zu geben. Und heben Sie die schönsten Zeichnungen gut auf, vielleicht interessiert sich Ihr Psychiater irgendwann dafür …

11.5 Die Komplexität der „Komplexität“

Gerade als ich mich an die Überarbeitung dieses Büchleins setzte, überraschte mich ein engagierter Leser der 1. Auflage mit folgender Idee: Dipl.-Ing. Martin Kelbch aus München fand, ein Buch über Komplexität müsse doch auch *in sich* komplex sein. Auf für diese Zwecke geradezu optimalen, langen Bahnfahrten landauf, landab untersuchte er die Querverweise der einzelnen Kapitel aufeinander sowie die Vernetzung der zentralen Begriffe des Buchs mit diesen. Das Ergebnis ist in Abb. 11.5 zu sehen: Ein wahrhaft engmaschiges Netz von Beziehungen! Das Buch muss also nicht unbedingt „linear“ von vorn bis hinten gelesen werden; ich hoffe, Sie scheuen sich nicht zurückzublättern, wenn im Text ein früheres Kapitel erwähnt wird, oder auch nach vorn, wenn ein bevorstehendes angekündigt ist, und spazieren auf diese Weise ein wenig auf dem Netz der „Komplexität“ umher.

Gern können Sie die entsprechende Analyse auch mit anderen Büchern machen (die Zugfahrt dauert ja noch an) und mir die Ergebnisse schicken. Ich freue mich auf noch komplexere Netze!

11.6 Komplexität beobachten

Zu guter Letzt anbei ein Muster des Papiers, auf dem Sie die Komplexität jedes Systems mit wenigen Punkten bestimmen können: doppelt-logarithmisches Millimeterpapier (s. Abb. 11.6). Ermitteln Sie die Häufigkeiten beliebiger

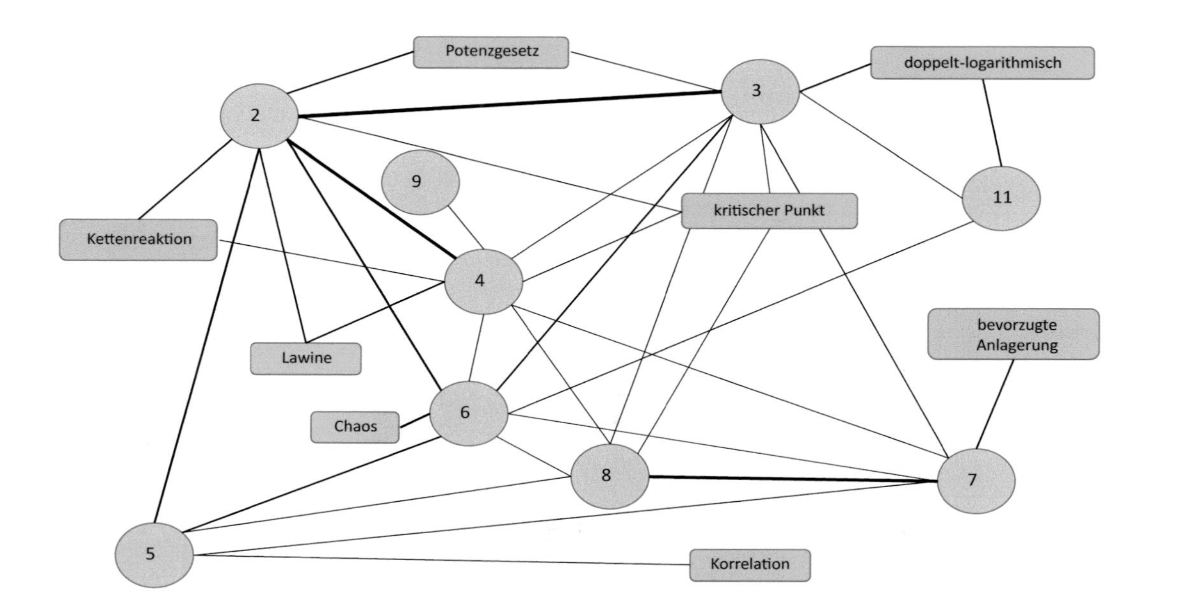

Abb. 11.5 Zusammenhangs-Netz von Kapiteln und Schlüsselbegriffen dieses Buches (Abbildung nach M Kelbch). Die Kreise stehen dabei für die Kapitel, die Rechtecke für Schlüsselbegriffe. Die Linienstärke entspricht der Anzahl der Nennungen

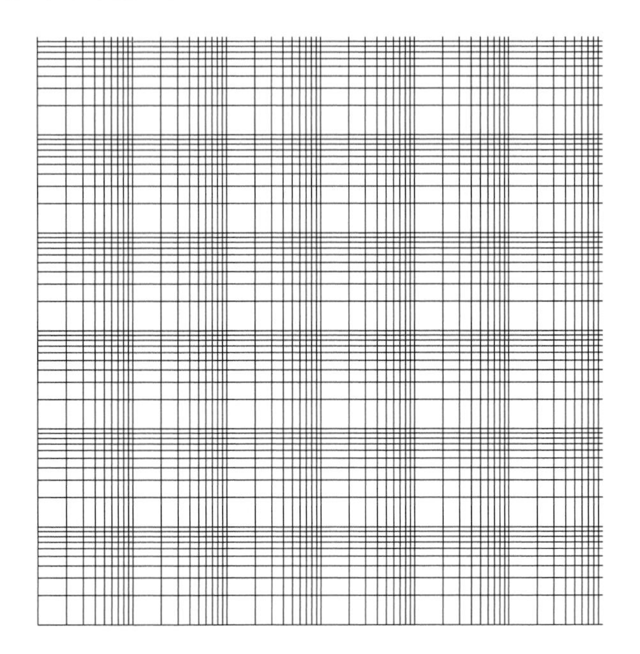

Abb. 11.6 Doppelt-logarithmisches Millimeterpapier

Ereignisse, die etwas mit Komplexität zu tun haben könnten und tragen Sie sie ein. Ich wünsche Ihnen viel Vergnügen beim Beobachten unserer komplexen Welt!

Literatur

1. D Selzer: Poker. SelMcKenzie Publishing 2002
2. Daten: http://de.wikipedia.org/wiki/Deutsche_Inflation_1914_bis_1923

Verwandte und weiterführende Literatur

1. D Ruelle: Zufall und Chaos. Springer-Verlag, 1994
2. K Richter, J-M Rost: Komplexe Systeme. Fischer, Frankfurt, 2015
3. K Mainzer: Komplexität. UTB, Stuttgart, 2008
4. R Lewin: Die Komplexitäts-Theorie. Hoffmann & Campe, Hamburg, 1993
5. D Meadows, J Randers, D Meadows: Grenzen des Wachstums – Das 30-Jahre-Update: Signal zum Kurswechsel. S. Hirzel Verlag, Stuttgart, 2020
6. M Buchanan: Das Sandkorn, das die Erde zum Beben bringt. Campus Verlag 2001
7. A-L Barabási: Linked – How Everything Is Connected to Everything Else. Basic Books, New York, 2014
8. P Reinbacher, J Oberneder, A Wesenauer (HG): Warum Komplexität nützlich ist. Springer Gabler, Wiesbaden, 2020

F.-M. Dittes, *Komplexität,* Technik im Fokus,
https://doi.org/10.1007/978-3-662-63493-6

Stichwortverzeichnis

F.-M. Dittes, *Komplexität,* Technik im Fokus,
https://doi.org/10.1007/978-3-662-63493-6

Printed in the United States
by Baker & Taylor Publisher Services